U0301067

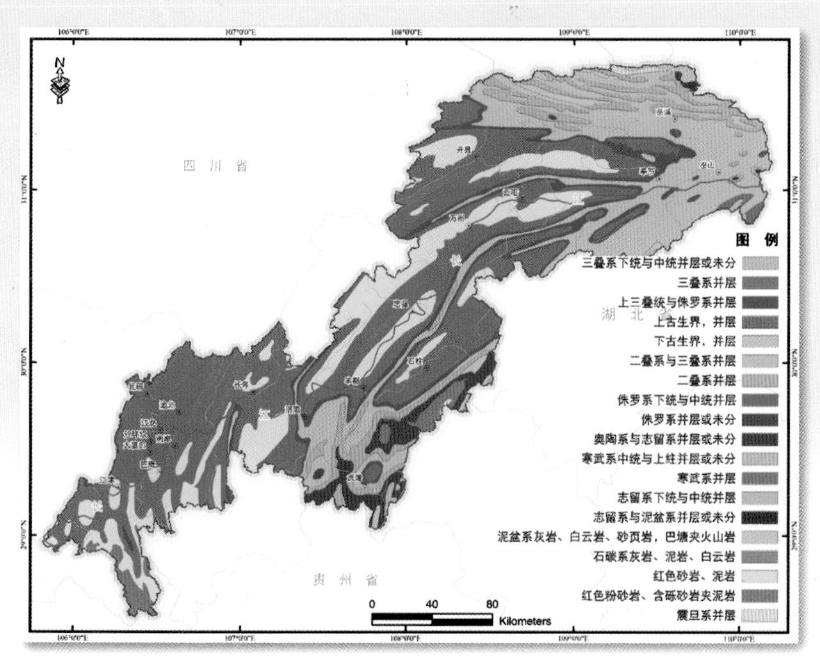

彩图1 研究区地质类型图

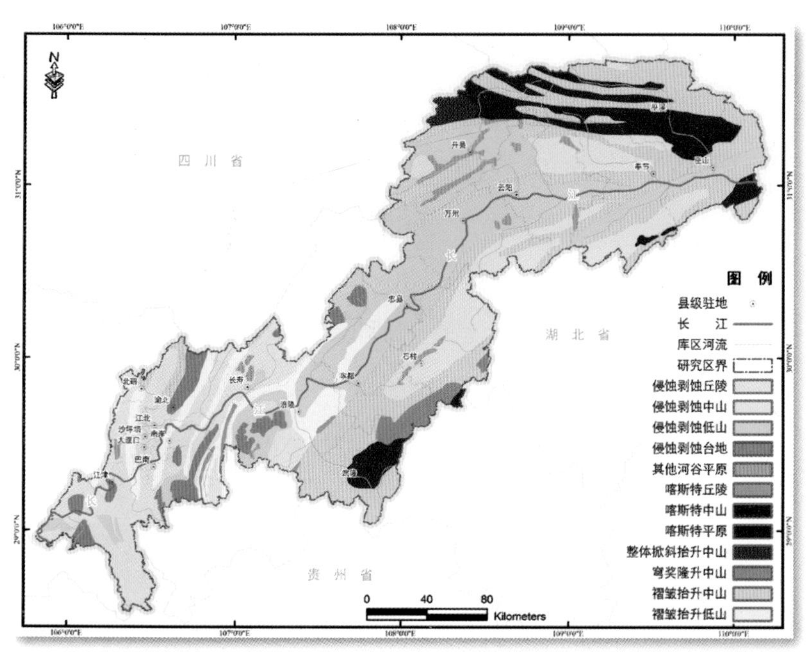

彩图2 研究区地貌类型图

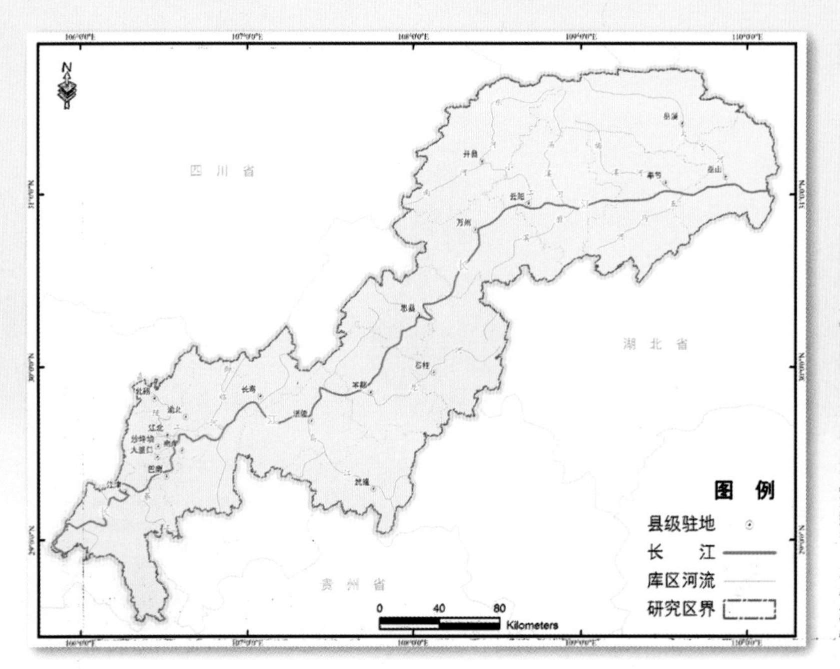

彩图3 研究区水系图

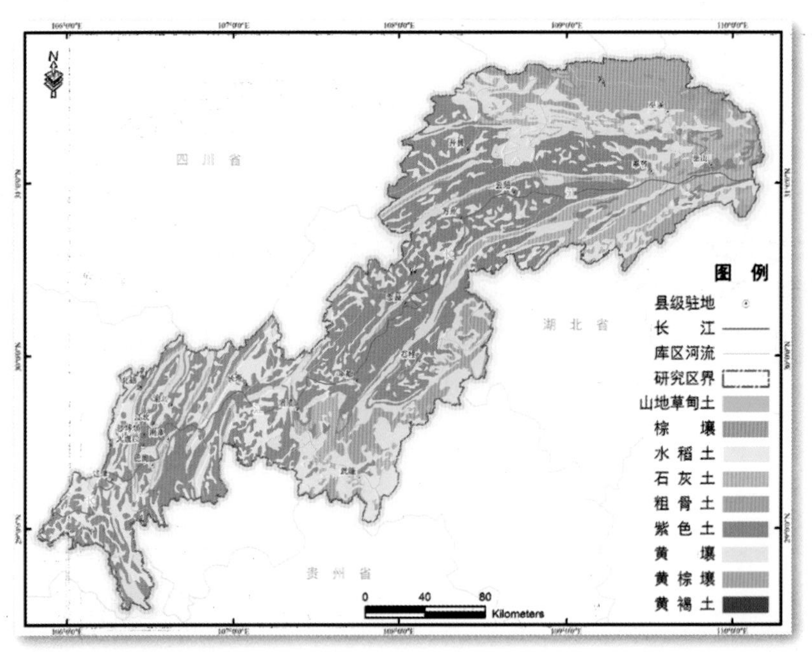

彩图4 研究区土壤类型图

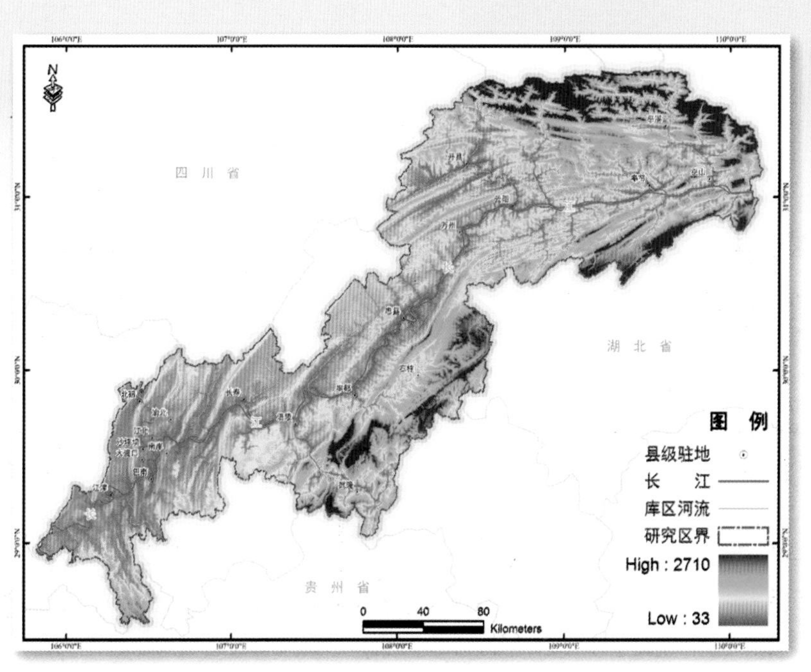

彩图5　研究区数字高程图（DEM）

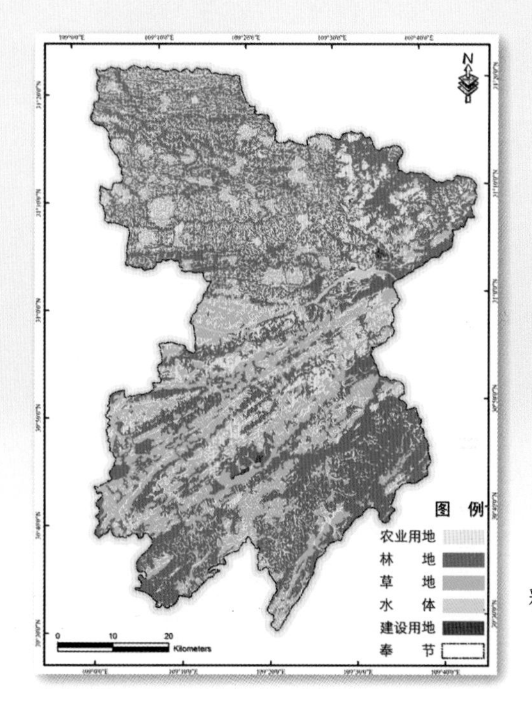

彩图6 奉节县1986年地类现状图

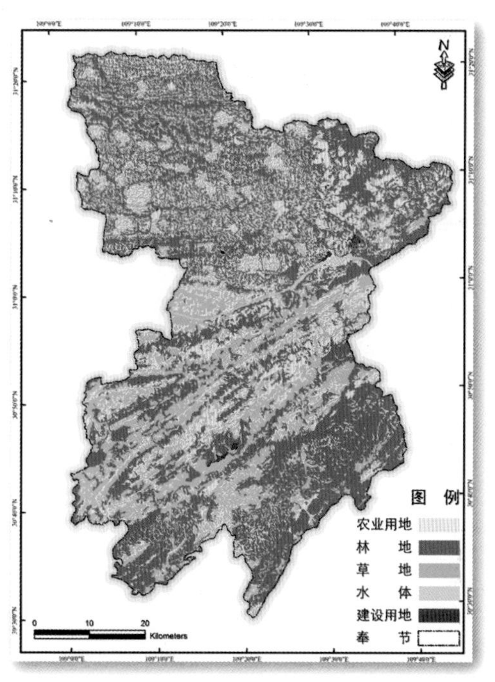

彩图7 奉节县1995年地类现状图

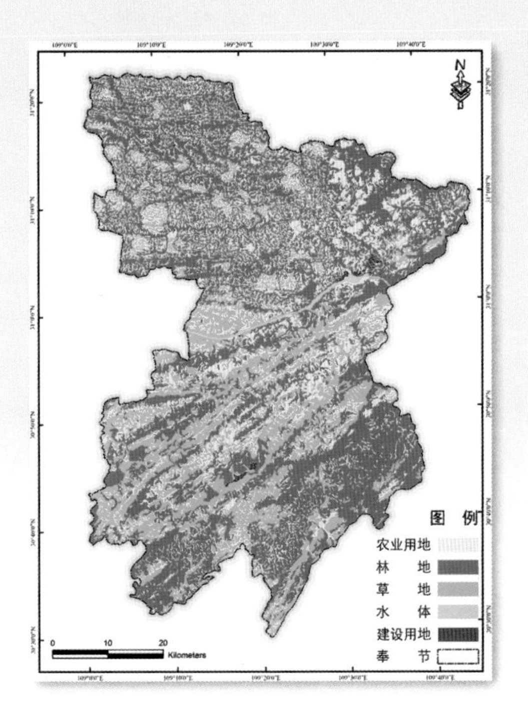

彩图8 奉节县2000年地类现状图

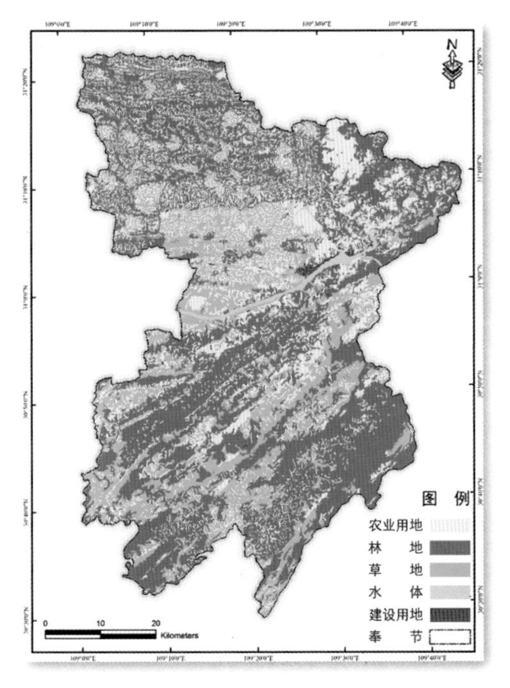

彩图9 奉节县2007年地类现状图

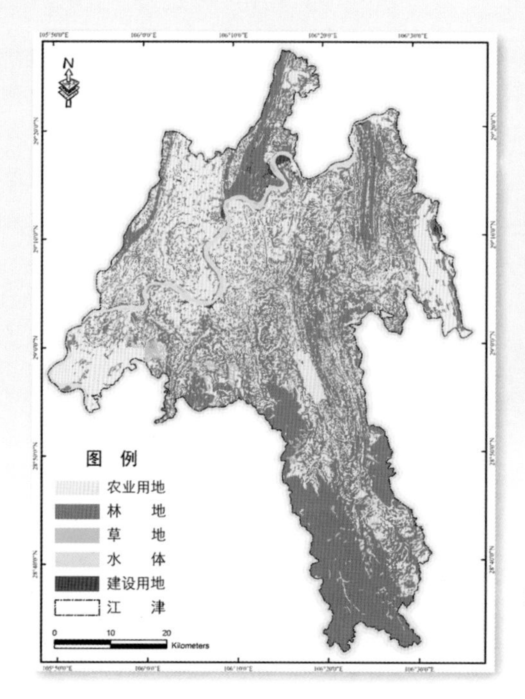

彩图10　江津区1986年地类现状图

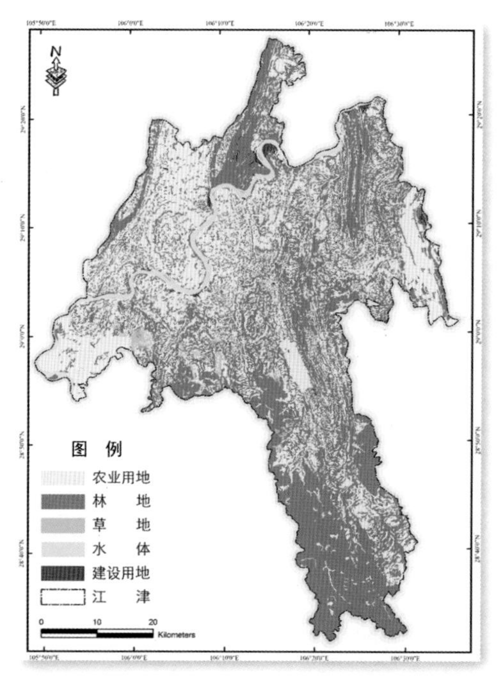

彩图11　江津区1995年地类现状图

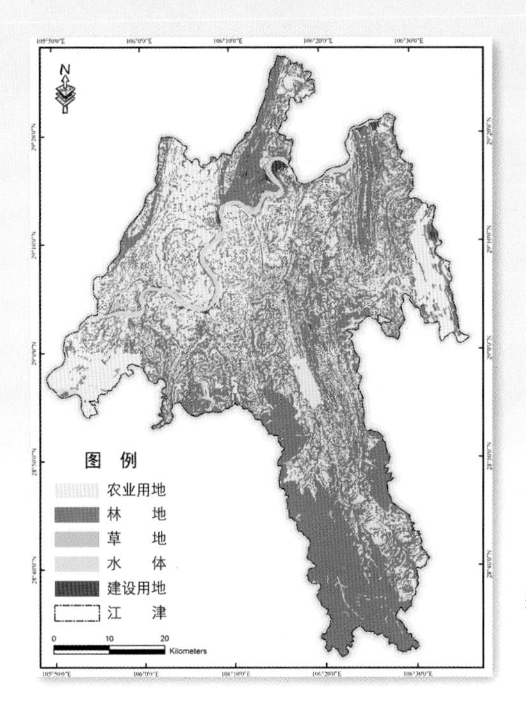

彩图12　江津区2000年地类现状图

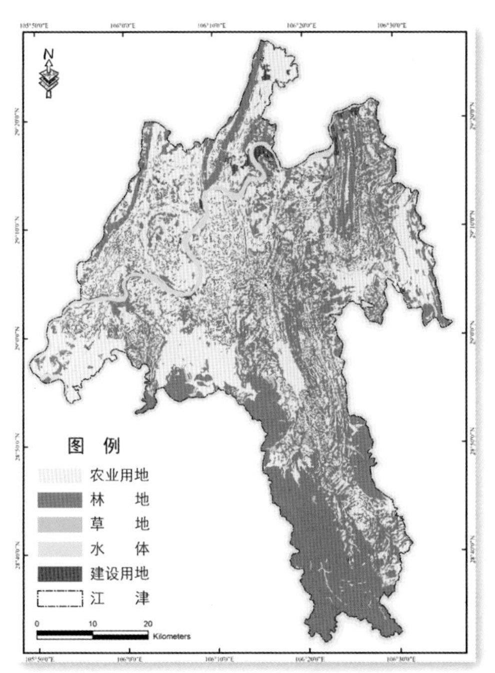

彩图13　江津区2007年地类现状图

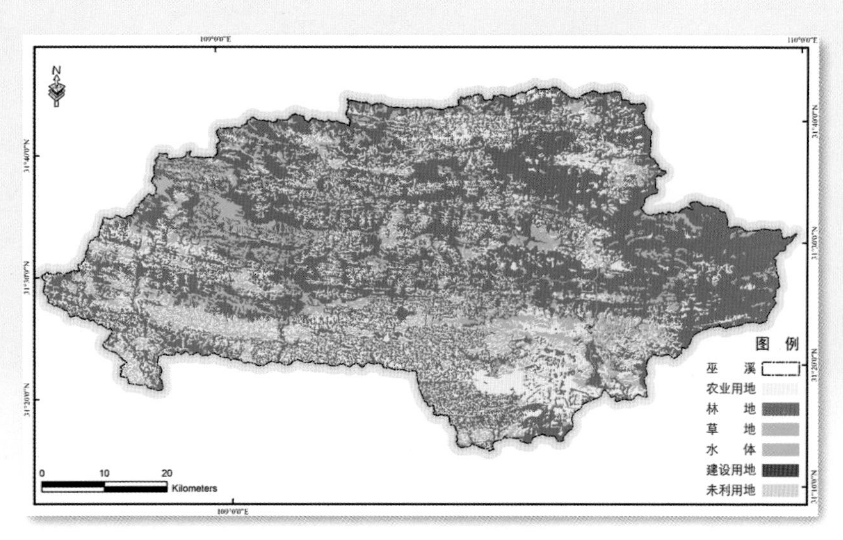

彩图14　巫溪县1986年地类现状图

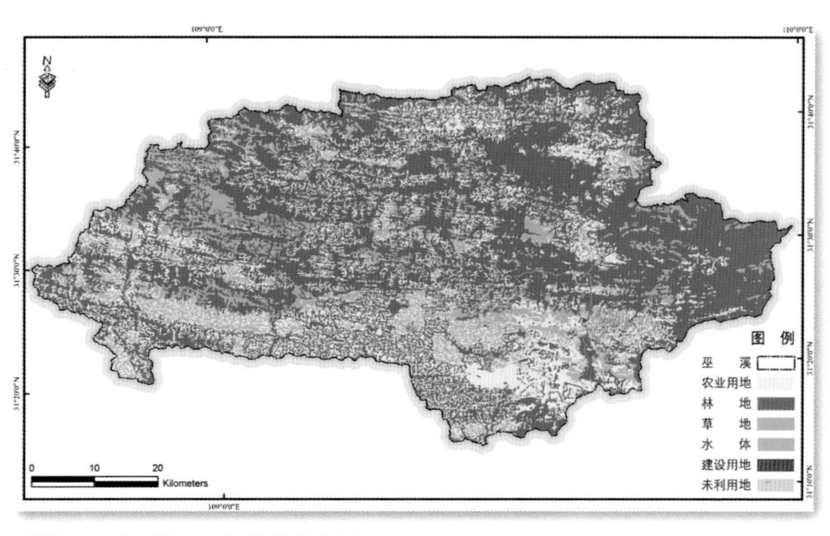

彩图15　巫溪县1995年地类现状图

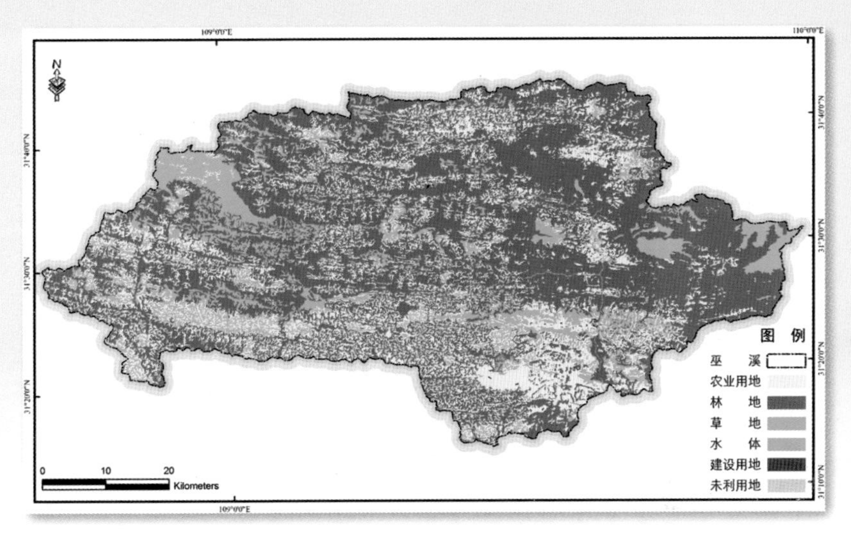

彩图16　巫溪县2000年地类现状图

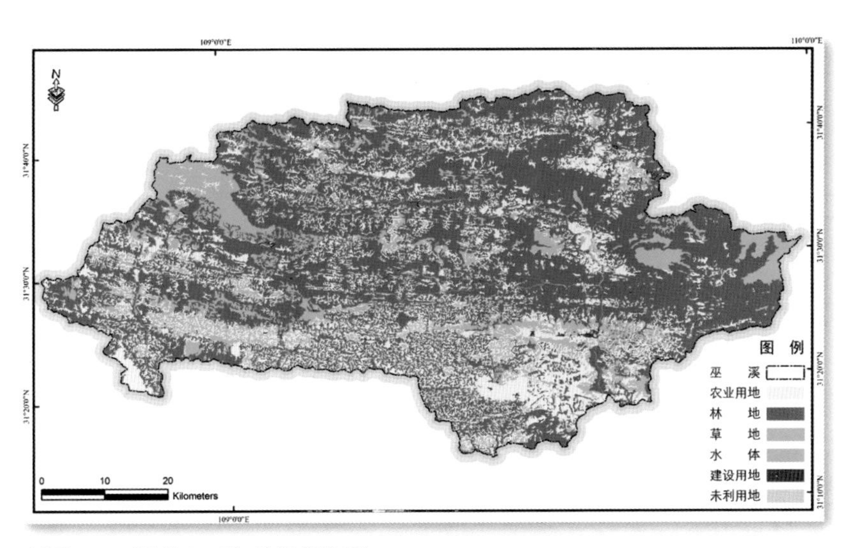

彩图17　巫溪县2007年地类现状图

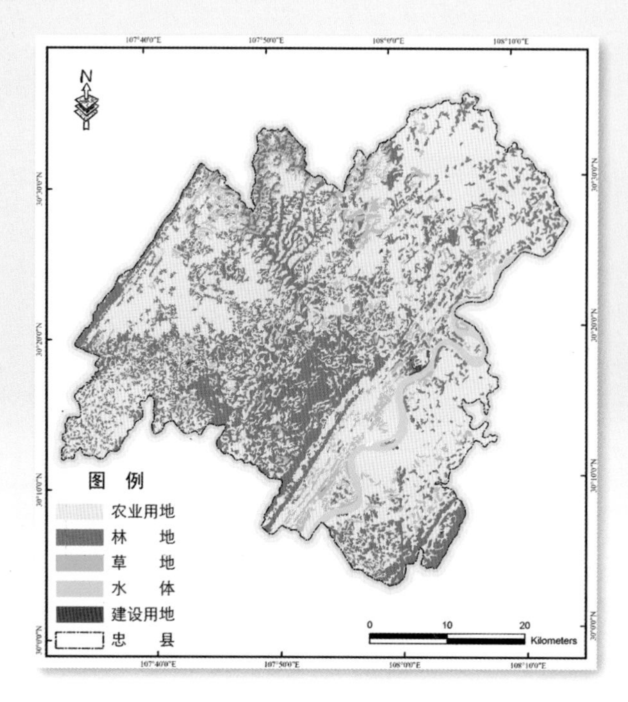

彩图18 忠县1986年地类现状图

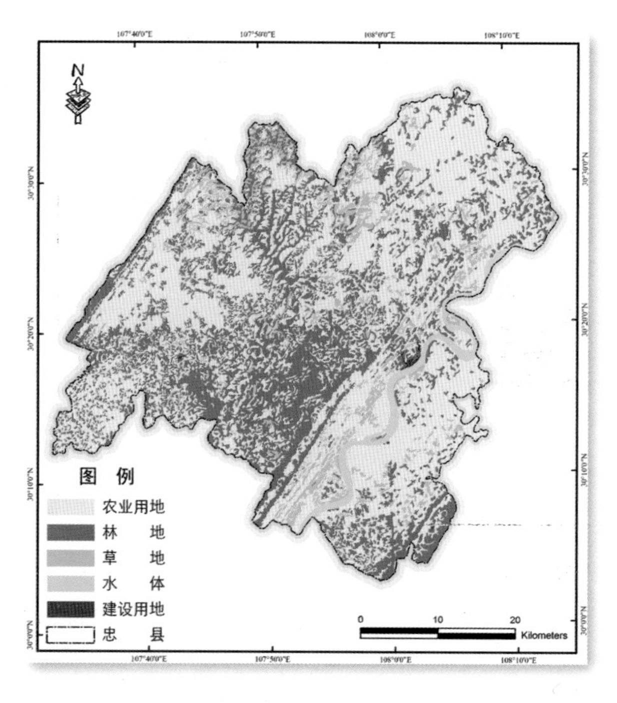

彩图19 忠县1995年地类现状图

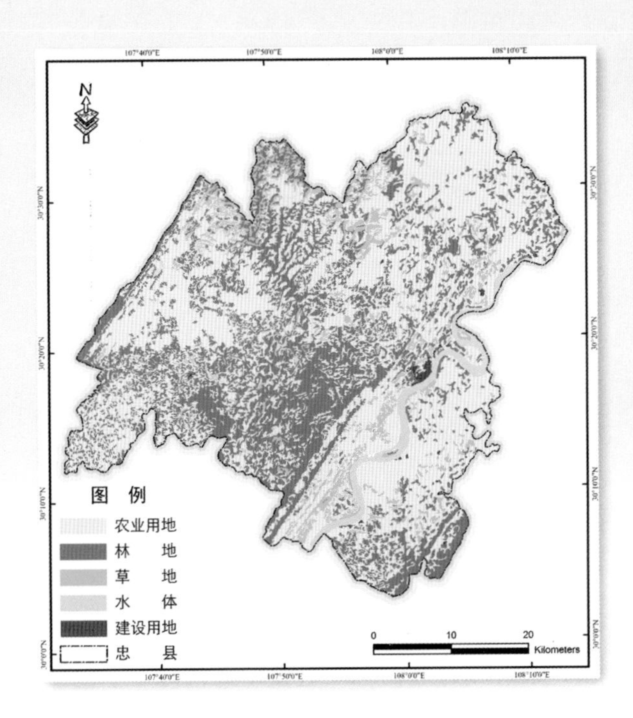

彩图20 忠县2000年地类现状图

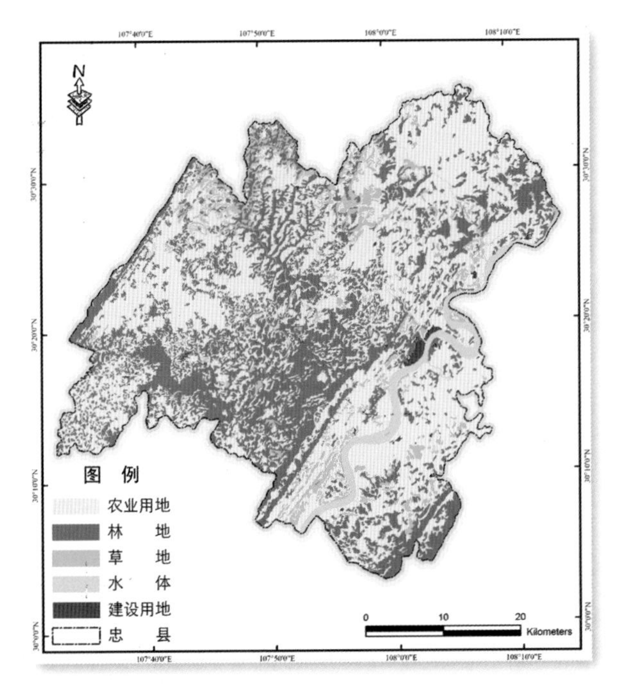

彩图21 忠县2007年地类现状图

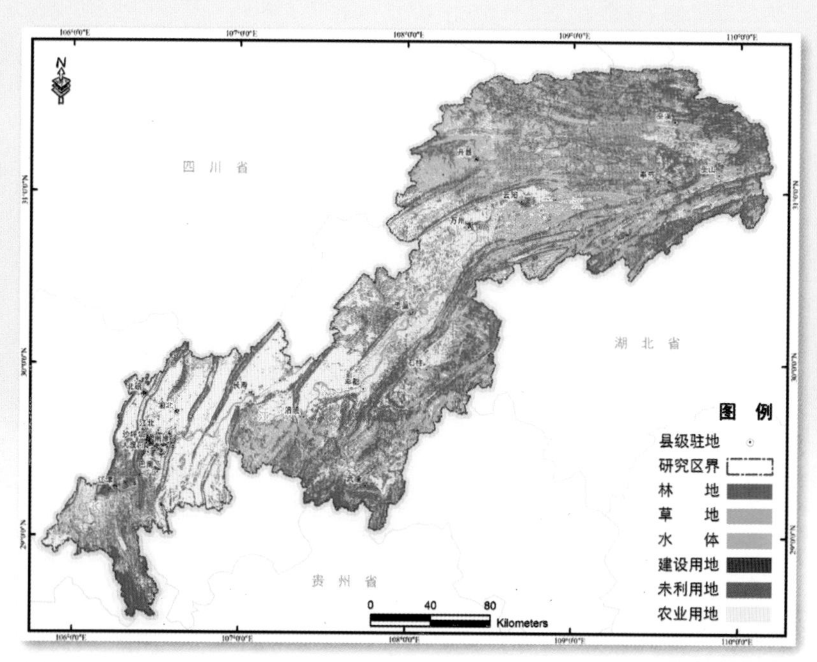

彩图22 研究区1986年地类现状图

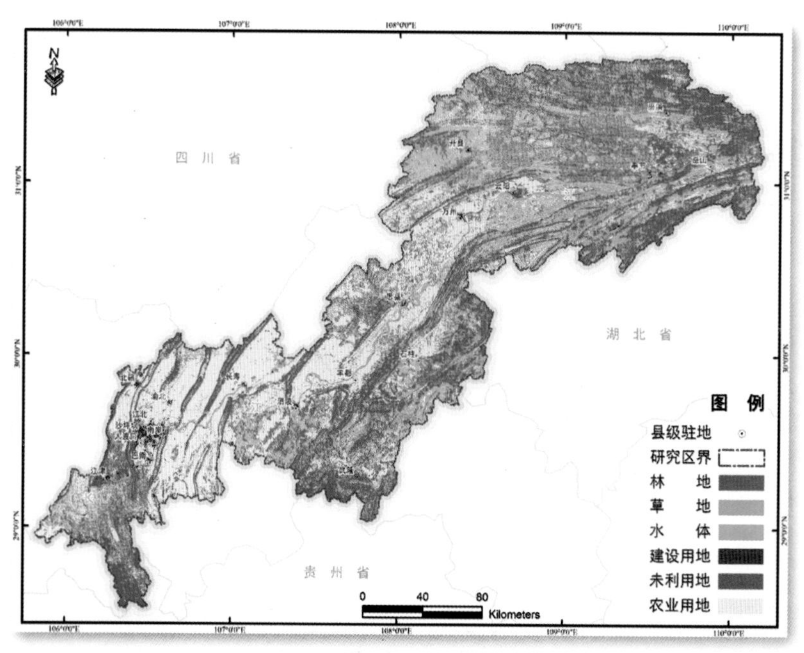

彩图23 研究区1995年地类现状图

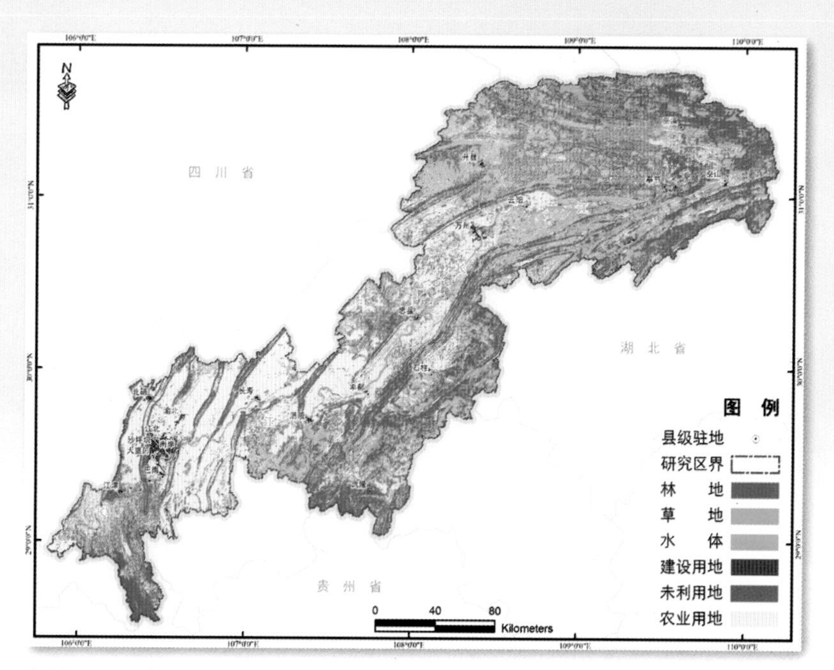

彩图24　研究区2000年地类现状图

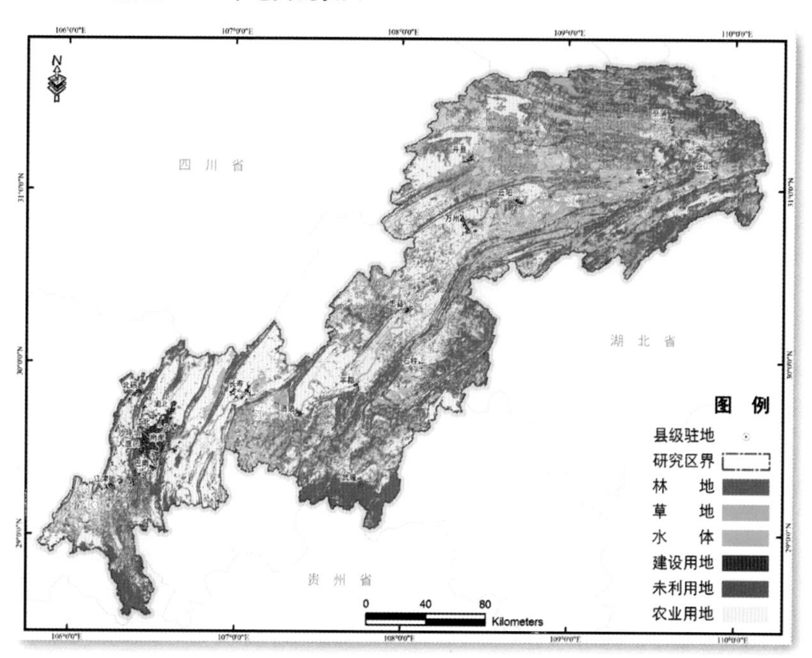

彩图25　研究区2007年地类现状图

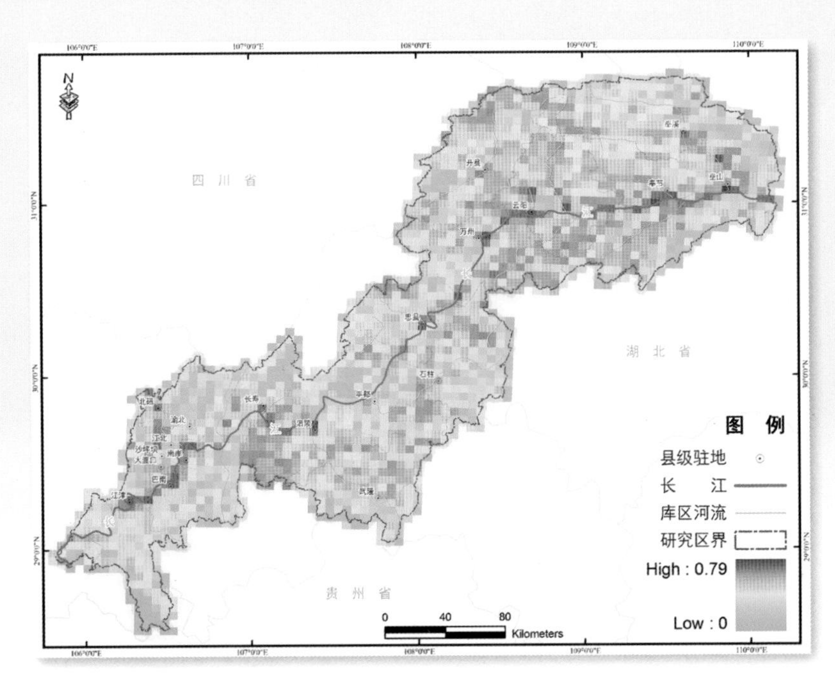

彩图26 研究区土地多样化程度

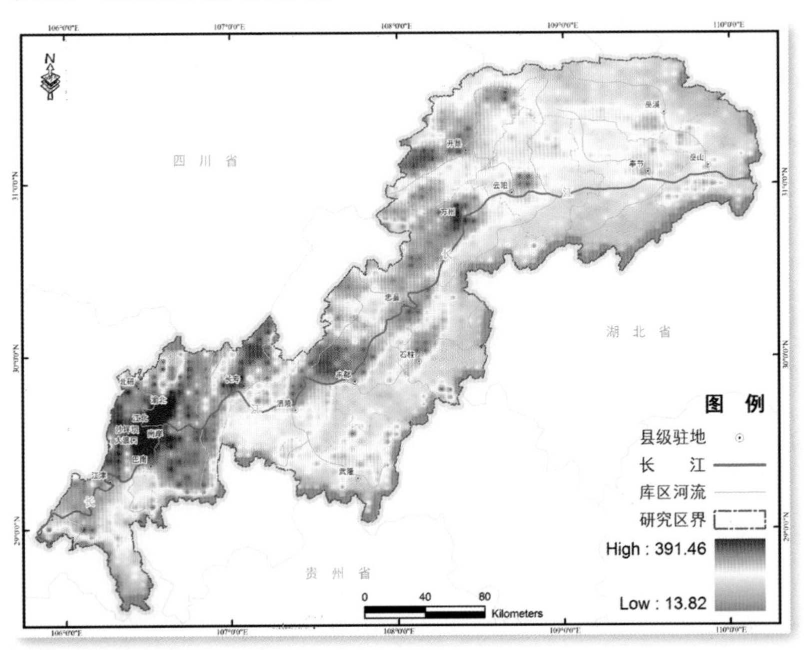

彩图27 研究区土地利用程度

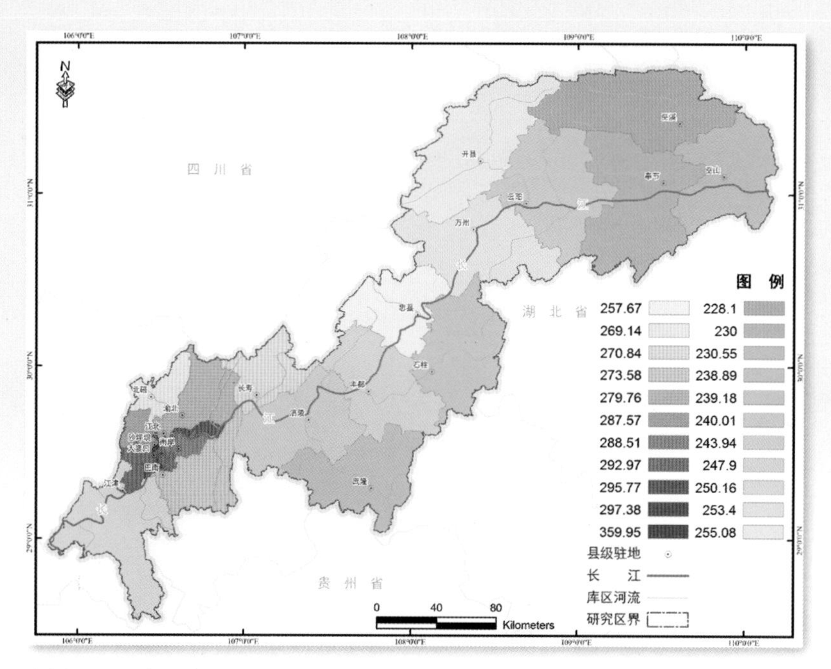

彩图28　研究区各区县利用程度

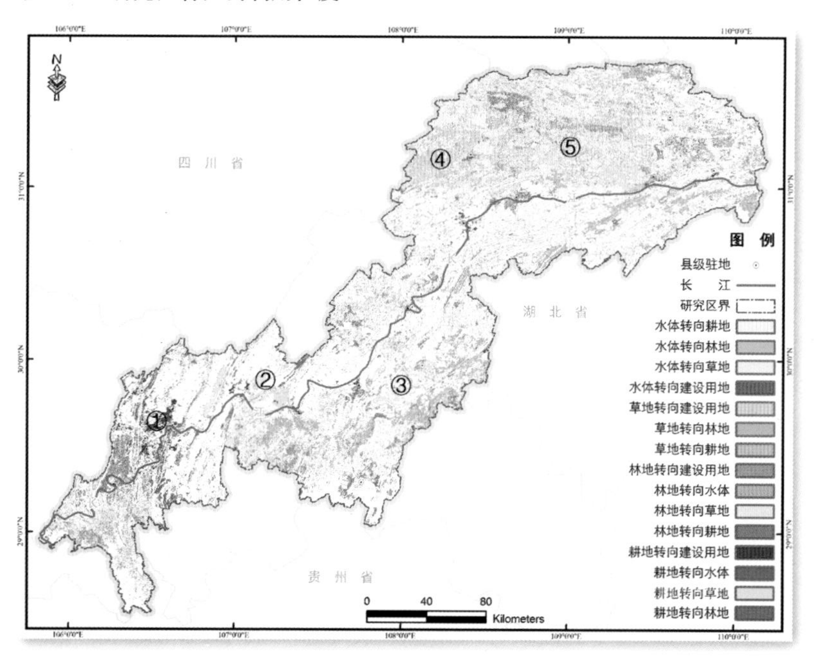

彩图29　研究区地类转移分布图

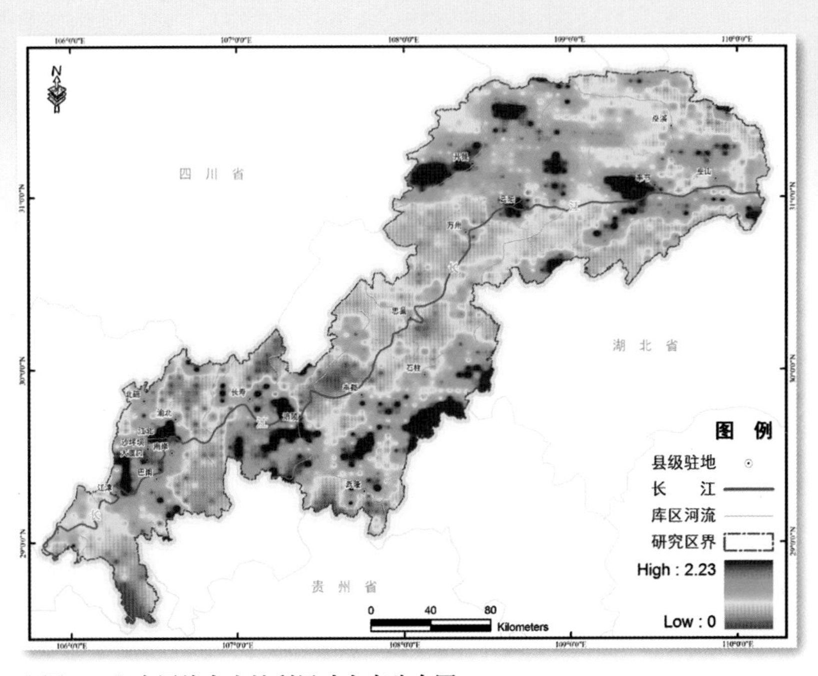

彩图30　研究区综合土地利用动态度分布图

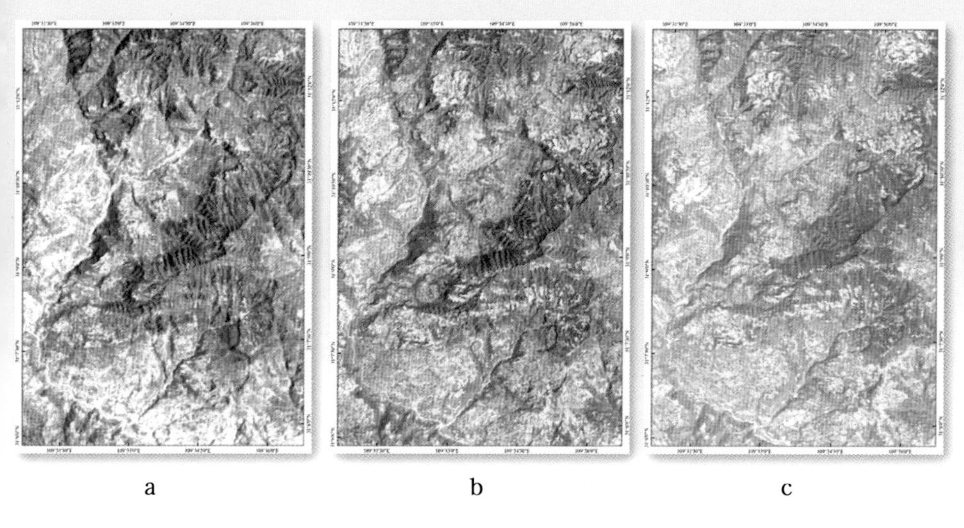

a　　b　　c

彩图31　奉节县土地利用/覆被遥感影像图谱

(a) Landsat TM 5(1990)；(b) Landsat ETM+(2000)；(c) 中巴资源卫星 (2007)

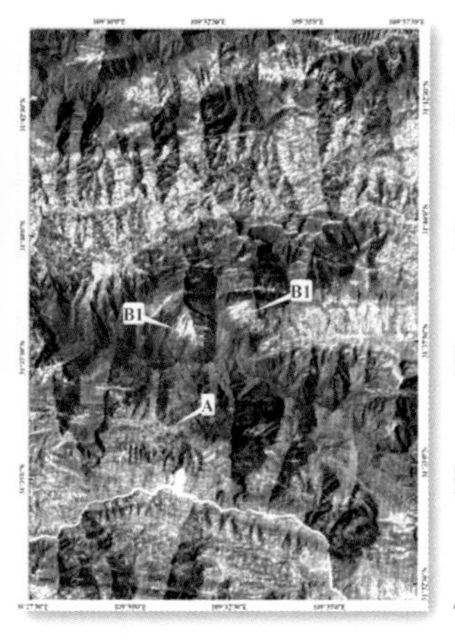

a　　b　　c

彩图32　巫溪县土地利用/覆被遥感影像图谱

(a) Landsat TM 5(1990)；(b) Landsat ETM+(2000)；(c) 中巴资源卫星 (2007)

a　　b　　c

彩图33　忠县土地利用/覆被遥感影像图谱

(a) Landsat TM 5(1990)；(b) Landsat ETM+(2000)；(c) 中巴资源卫星(2007)

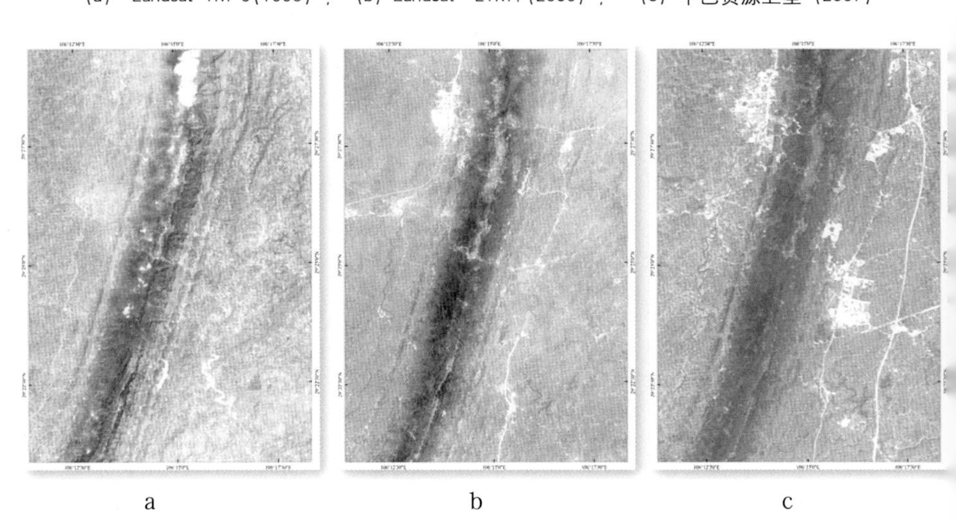

a　　b　　c

彩图34　江津区土地利用/覆被遥感影像图谱

(a) Landsat TM 5(1990)；(b) Landsat ETM+(2000)；(c) 中巴资源卫星(2007)

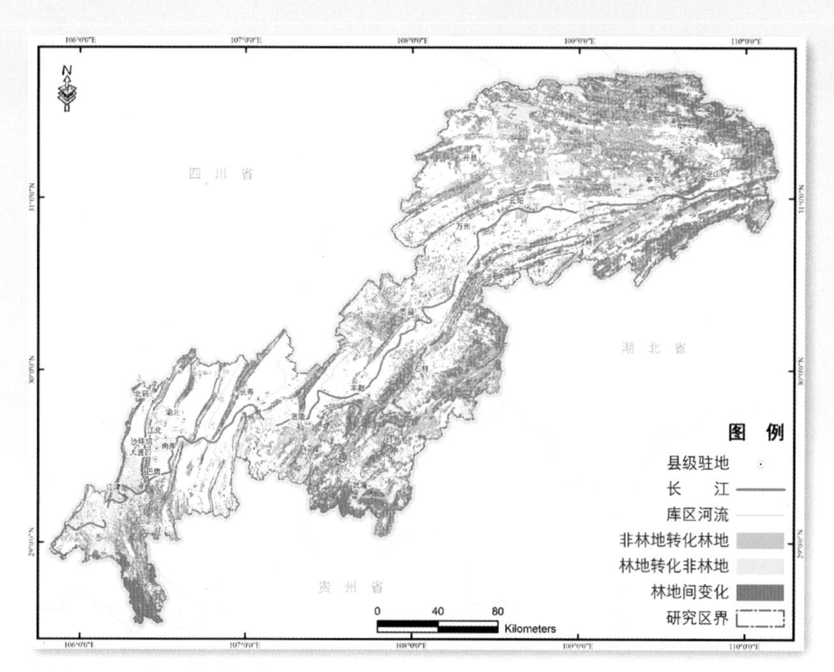

彩图35 研究区林地转化图

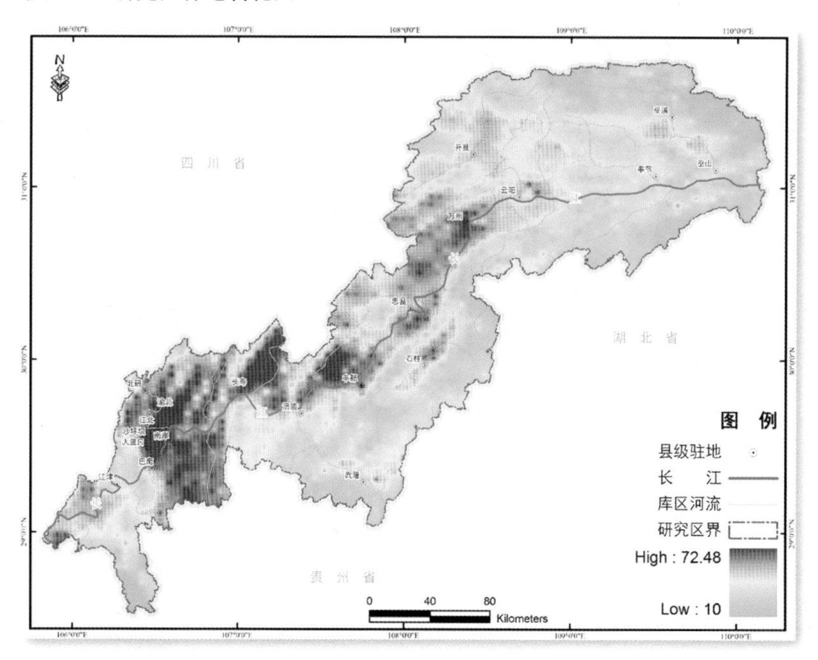

彩图36 研究区1986年干扰指数图

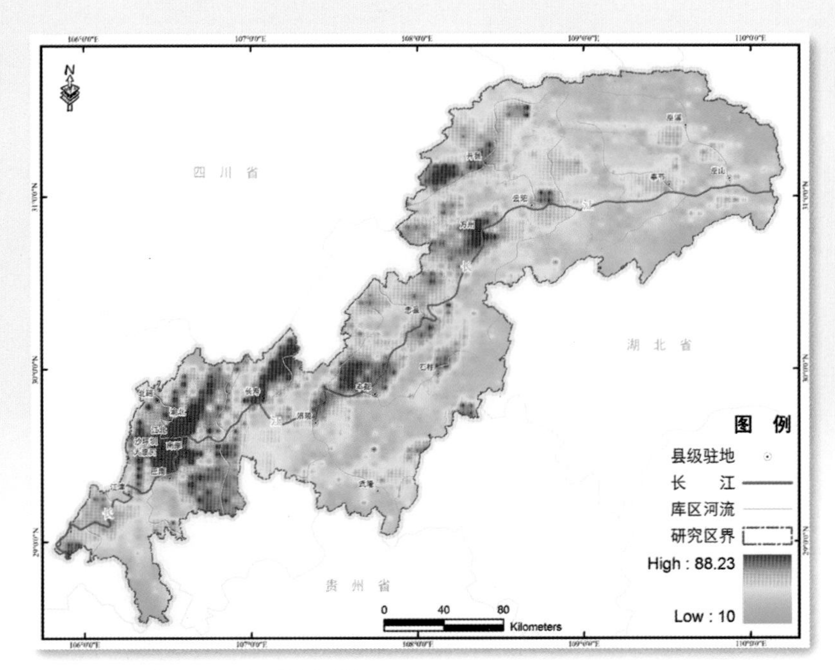

彩图37 研究区2007年干扰指数图

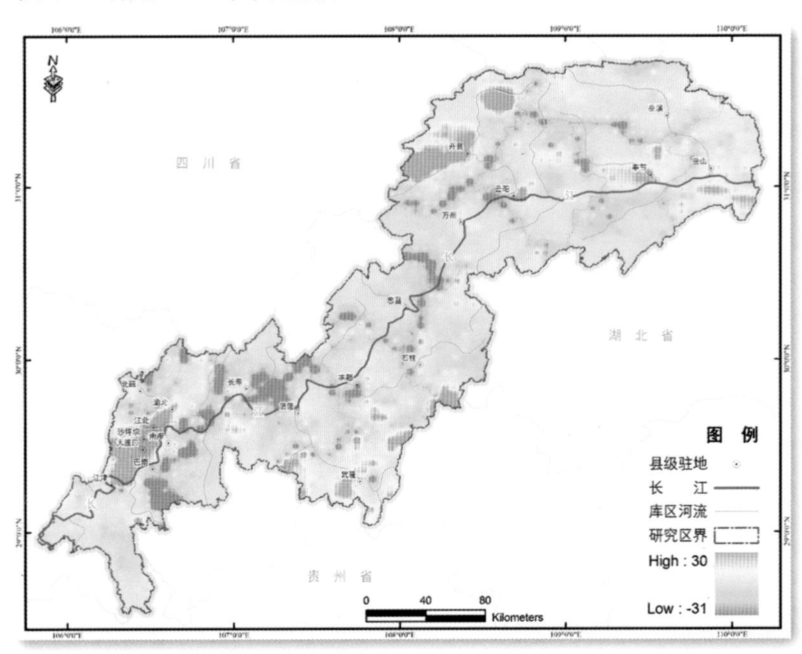

彩图38 研究区干扰指数变化图

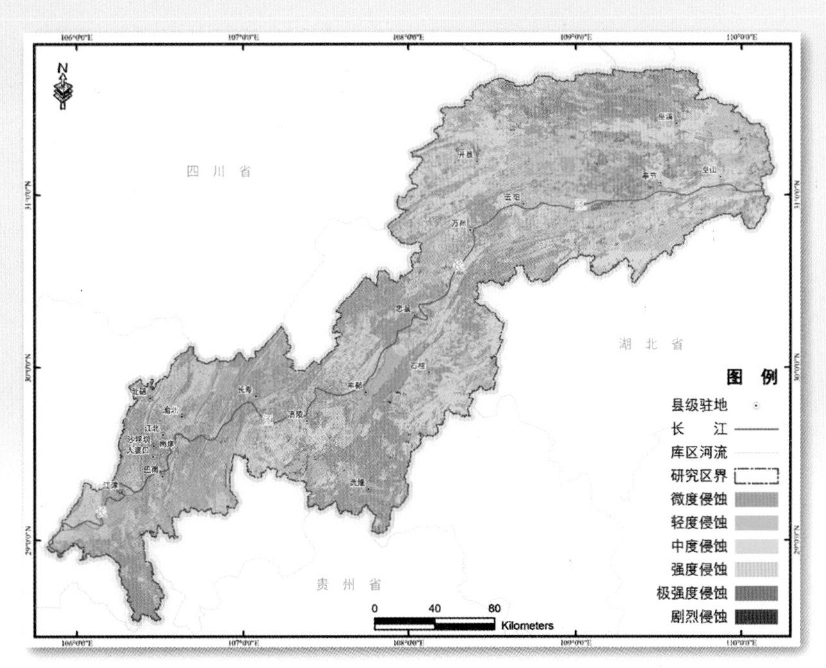

彩图39 研究区2000年土壤侵蚀图

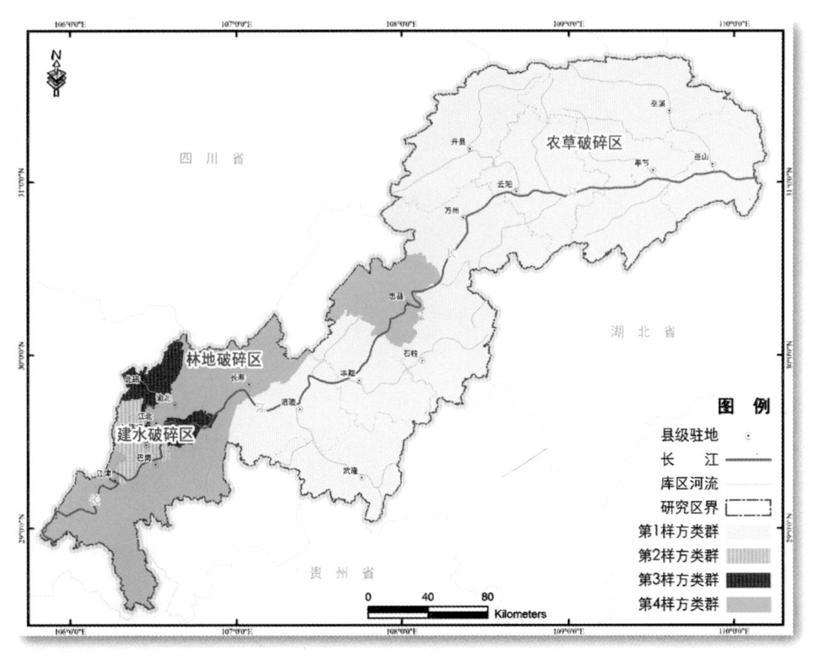

彩图40 研究区区县样方TWINSPAN分类结果

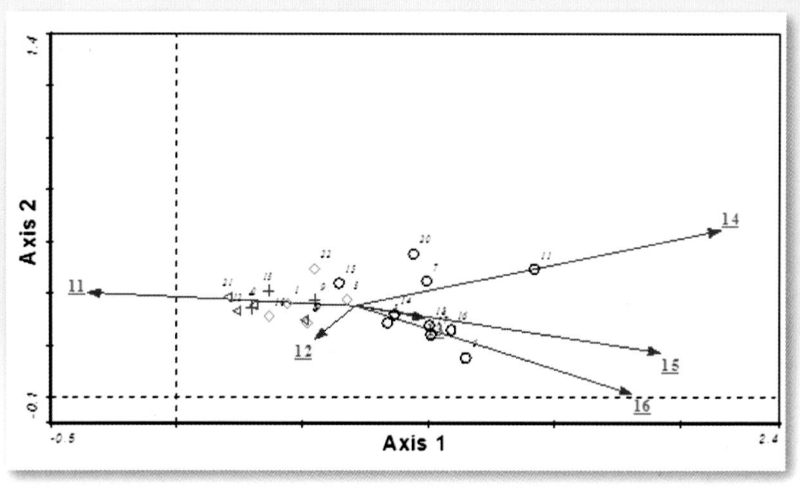

彩图41　三峡库区（重庆）22个区县样方的DCCA排序二维图

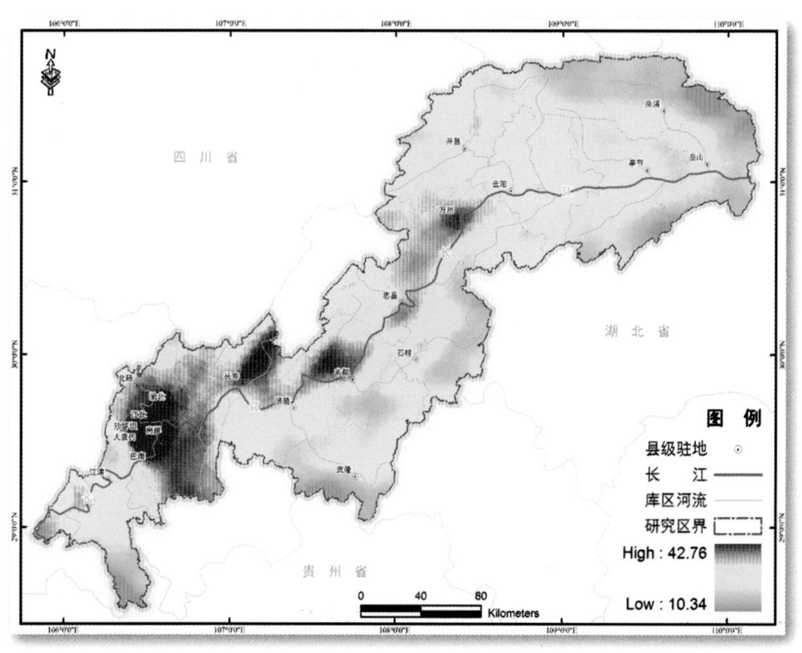

彩图42　研究区1986年生态风险图

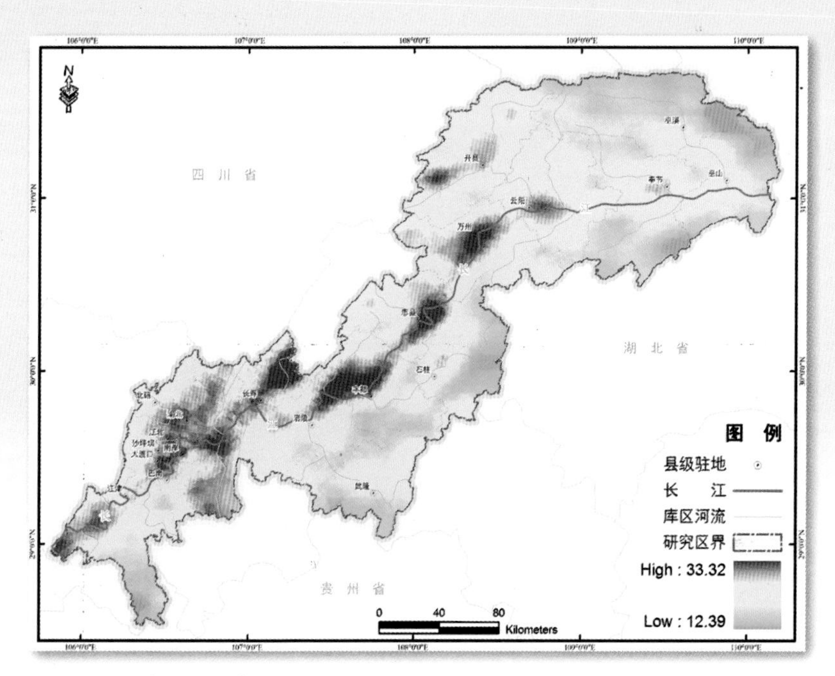

彩图43　研究区2007年生态风险图

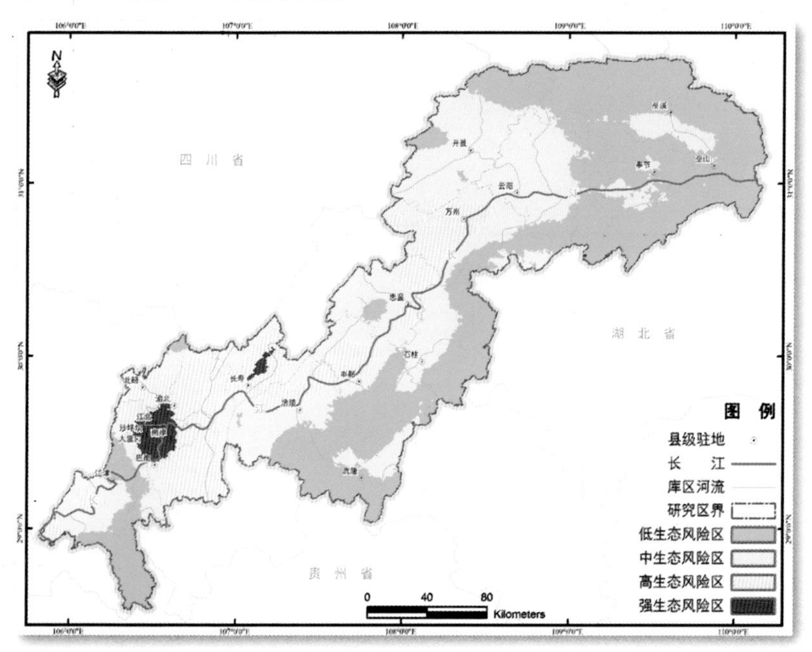

彩图44　研究区1986年生态风险级别图

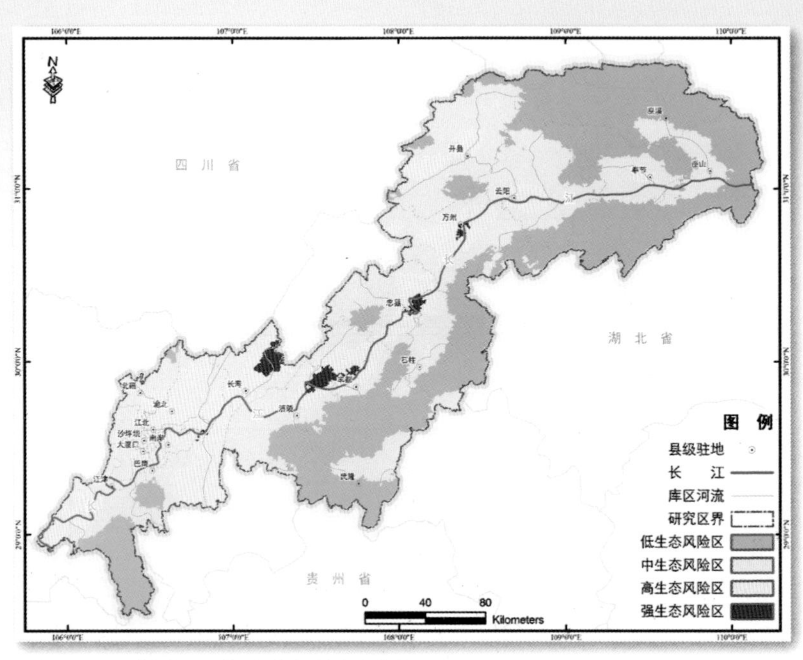

彩图45　研究区2007年生态风险级别图

本书由“国家林业公益性行业科研专项(201004039)；联合国开发计划署全球环境基金小额赠款项目(CPR/SGP/OP5/CORE/LD/11/04)资助；2011中央财政林业科技推广项目(AB1101)；中央高校基本科研业务费专项资金(XDJK2013A011)；西南大学博士后基金(207178)联合资助”

三峡库区土地利用生态环境效应研究

彭 月 著

上海科学技术出版社

图书在版编目(CIP)数据

三峡库区土地利用生态环境效应研究 / 彭月著. —上海:上海科学技术出版社,2013.9
ISBN 978-7-5478-1946-3

Ⅰ.①三… Ⅱ.①彭… Ⅲ.①三峡水利工程—土地利用—生态环境—环境效应—研究 Ⅳ.①TV697.4 ②X321.271.9

中国版本图书馆 CIP 数据核字(2013)第 201219 号

审图号:渝 S(2013)36 号

上海世纪出版股份有限公司
上海科学技术出版社 出版、发行
(上海钦州南路 71 号 邮政编码 200235)
新华书店上海发行所经销
上海书刊印刷有限公司印刷
开本 889×1194 1/16 印张:5.125 插页:16
字数:220 千字
2013 年 9 月第 1 版 2013 年 9 月第 1 次印刷
ISBN 978-7-5478-1946-3/X·20
定价:30.00 元

内容提要

本书以1986年、1995年、2000年和2007年三峡库区(重庆段)土地利用数据为基础,结合遥感影像、自然地理和社会经济数据建立地理信息数据库,分别对区内土地利用/覆被格局、动态机制进行分析,对土地利用/覆被变化趋势进行模拟,从自然和社会两方面对比土地利用/覆被变化的驱动因素差异,从生物多样性、土壤侵蚀、景观生态变化、生态系统服务价值以及生态风险等方面探讨了三峡库区(重庆段)土地利用/覆被变化的生态环境效应。

本书对三峡库区土地利用及生态环境改善具有指导作用,可供环境保护专业人员及相关专业师生阅读参考。

前　言

长期以来，人类改造自然的脚步从未停止过，而地表系统的土地利用/覆被格局正被这些人类活动不停地改变，这种改变一方面导致自然环境发生变化，另一方面直接作用于人类社会、经济的发展。土地利用/覆被变化已成为全球变化研究的一个重要内容。三峡库区自然地理条件复杂，是我国水土流失严重的生态脆弱区之一。在经济加速发展与城市化进程加快的大背景下，随着重庆市的直辖和三峡工程的实施，区内人类活动持续地干扰着土地利用/覆被格局，影响着区域生态环境变化。土地利用/覆被研究是区域生态环境变化研究的基础，通过监测三峡库区土地利用/覆被的动态变化，研究土地利用/覆被变化过程和机制，可以为了解区域生态环境的演替过程、掌握区内自然和社会环境变化、提高三峡库区的生态环境质量及区域土地资源的可持续利用提供参考。三峡库区面积巨大，主要分布在重庆市和湖北省两个地区，其中绝大部分在重庆市境内，这里也是土地利用/覆被变化较明显的地区。同时，为了便于数据资料的收集，我们选择三峡库区(重庆段)为主要研究区，结合不同的自然地理条件与社会经济差异，选择江津区、忠县、巫溪县和奉节县4个典型区县作对比。以1986年、1995年、2000年和2007年4期土地利用数据为基础，结合遥感影像、自然地理和社会经济数据建立地理信息数据库，分别对区内土地利用/覆被格局、动态机制进行分析；对土地利用/覆被变化趋势进行模拟；从自然和社会两方面对比土地利用/覆被变化的驱动因素差异；从生物多样性、土壤侵蚀、景观生态变化、生态系统服务价值以及生态风险等方面探讨三峡库区（重庆段）土地利用/覆被变化的生态环境效应。其研究结果如下。

(1) 耕地和林地始终是三峡库区（重庆段）主要的土地利用/覆被类型。其中，耕地以旱地居多；林地以有林地和稀疏林地为主。研究区幅员辽阔，区域差异明显：下游地区的巫溪县和奉节县林地最多；中游地区的忠县以耕地为主；上游的江津区耕地和林地较多。从土地利用类型的多样化程度来看，下游地区的土地利用类型多样化更高，理论上这里的土地利用景观稳定性更高。在上游地区和中游长江周边立地条件较好的地区，土地利用程度较高，下游地区的土地利用程度相对较低，特别是周边高海拔的山区土地利用程度更低。

(2) 1986 年以来，三峡库区（重庆段）的耕地先增后减，林地先减后增，草地和未利用地的面积持续减少，水体与建设用地面积持续增加。上游的江津区和中游的忠县土地利用变化趋势同三峡库区（重庆段）较一致，下游的奉节县和巫溪县同三峡库区（重庆段）土地利用变化差异明显。从土地利用/覆被类型变化速率来看，耕地、林地和草地的相对变化率更高，空间分布较分散，水体和建设用地变化的区域则更集中。利用不同的卫星影像，直观地展示了研究区内森林景观演替、耕地与草地转化、城区快速扩张和新城镇的兴起 4 种土地景观变化过程。对未来土地利用/覆被变化趋势的模拟表明：三峡库区（重庆段）的耕地和草地面积减少，林地、水体和建设用地面积增加。江津区和忠县的变化趋势同三峡库区（重庆段）的相似，奉节县和巫溪县的明显不同。奉节县的耕地、林地和草地面积持续减少，水体和建设用地面积增加；巫溪县的耕地、林地、水体和建设用地增加，草地大幅度减少。通过垦殖指数来定量耕地的变化，1986～1995 年，耕地变化不明显；1995～2007

年，垦殖指数明显增加，在空间上的差别明显，在库区上游的重庆市主城区负增长强烈，而在开县、武隆县和巫山县等地正增长较强。4个典型区县中，江津区和忠县的耕地变化数量和速率都比奉节县和巫溪县强；林地变化集中在研究区东部、南部和西北部，在地势较高的山地，林地正向变化明显，逆向变化在库区上游、中游和下游地区都有集中分布。

(3) 对土地利用/覆被变化自然驱动因素分析发现：海拔与坡度制约着土地利用/覆被类型分布，耕地多在中低海拔的缓坡区，林地和草地与之相反，水体与建设用地的海拔较低，坡度较小。自1995年起，低海拔平坦地区的耕地减少明显，陡坡耕地有所增加；高海拔地区的林地大幅度增加，草地减少，水体和建设用地有所增加。从地貌类型上看，耕地多在低山、丘陵和喀斯特平原等，林地在中低山分布最多，草地在丘陵与中低山分布明显，而建设用地多集中分布在丘陵与喀斯特平原。从土壤类型上看，紫色土、黄壤、水稻土等面积较大。1986～1995年，不同地貌类型与土壤类型上的土地利用/覆被变化不明显，1995年以后，变化明显加快，在丘陵与中低山的土地利用变化最快。紫色土与水稻土分布面积最广，立地条件相对较好，人为干扰较重，土地利用变化强烈。对比三峡库区(重庆段)4个典型区县耕地变化的主要驱动差异发现：江津区位于库区上游，其经济发展最快，非农业人口快速增长带来的压力是耕地变化的主要驱动因素；库区下游的奉节县耕地变化主要受科技进步因素与以三峡移民活动为主的人口流动影响；巫溪县耕地变化第一驱动因素是总人口数，其次是政策因素(如农业产业结构调整)；忠县位于库区中游，政策因素的影响最强。

(4) 三峡库区是我国生物多样性较高区域之一，生物多样性受土地利用/覆被变化影响明显。①20世纪80年代末以前，森林植被破坏严重使生物多样性降低，90年代以来，虽然森林面积有所恢复，但是生物多样性并未见明显恢复。②草地面积减少，质量下降，草地内生物多样性降低。③研究区内的工程施工、移民、城市扩张等人为活动都影响着区内的生物多样性。④三峡工程蓄水形成的消落区对水体中的藻类、维管植物有所冲击，但为水生生物提供了多样的生存环境。不同土地利用方式对土壤侵蚀程度的影响差异明显，三峡库区(重庆段)境内，耕地土壤侵蚀最高，其次是草地，林地较低。从不同地区来看，库区下游的巫溪县和奉节县耕地土壤侵蚀最高，其次是草地和林地；上游的江津区草地土壤侵蚀最高；中游忠县的林地土壤侵蚀较高。根据土地利用类型破碎化情况对三峡库区(重庆段)内的 22 个区县进行分类，空间上分属东、中和西 3 个地区，土壤侵蚀由东向西减弱，分别对应着农草地破碎区、林地破碎区和建水破碎区。较高的土壤侵蚀(强度侵蚀、极强度侵蚀和剧烈侵蚀)会增加土地利用破碎程度，但是其加剧土地利用景观破碎化的速率同土壤侵蚀级别相反。

(5) 从景观上看，三峡库区(重庆段)景观异质性、稳定性和抗干扰能力均增强。1986～1995 年生态系统服务价值变化速率较低，1995～2007 年，区域生态系统服务价值明显加快。模拟发现，2007 年后，研究区生态系统服务价值不同程度地增加，区域土地利用具有明显的可持续性。从生态风险上看，库区的上游和中游地区的生态风险高于下游地区。1986～2007 年，三峡库区(重庆段)生态风险整体上有所增加，但是高风险区域分布更为破碎，库区下游地区生态风险增加明显。

本研究具有如下特色。

将生物学的研究方法同地理学研究相结合，具有一定特色。本研究从不同空间和时间尺度对比了三峡库区(重庆段)土地利用/覆被格局、动态过程、驱动因素以及生态环境效应，研究内容较全面。综合使用了地学的土地利用/覆被变化指标、模型、统计方法，同时应用生态学中的分类排序法，定量评价了三峡库区(重庆段)土地利用类型破碎化同土壤侵蚀等级的关系，表明较强的土壤侵蚀会增加土地利用景观的破碎度，但其加剧的程度同土壤侵蚀等级相反。

Preface

For a long time, the human being never stop the step to transform the nature world, the surface land use/cover pattern had suffered the disturb at the same time. The disturb come from the human act not only on the nature environment but also on the society and economic development. The LUCC has been a part of the global change research. Complicated geography conditions and the loss of water and soil was most serious in the Three Gorge Reservoir Region. Meanwhile, at the background of economic development and quickly urbanization, with the Chongqing's direct ruled by the central authorities and the Three Gorge Project's executed, the human's activity has non-stop to impact the land use/cover pattern and local eco-environment level. LUCC research is the base of the local eco-environment change research. It can help us find out the succession process of the environment and the nature society change, improve the eco-environment and the sustainable use of the land resource. The Three Gorge Reservoir Region was distributed in Chongqing City and Hubei Province, most of them in Chongqing City, also, it had the fast LUCC with the quickly urbanization and industrialization. In order to facilitate the receipt of data collection, we choose the Three Gorge Reservoir Region in Chongqing City as the whole study area. According to the great nature geography and economic difference, we choose the Jiangjin District, Zhong District, Wuxi District and Fengjie District as the typical region of the study areas. This paper included four parts (the land use/cover change pattern, dynamic of the land use and land cover change, the drive force of the LUCC, simulated the trend of the LUCC in the future and the eco-environment effect of the LUCC). The result showed as follows.

a. Cultivated area and woodland has always been the main types of the study areas, the dry land is the most cultivated type. Because of the difference in the region of space, the situation was differed in the 4 typical districts. Wuxi and Fengjie had a maximum area of woodland, there were the more cultivated areas in Zhong District and more cultivated areas and woodland in Jiangjin District. Diversification of the land use types of view, the diversity of the land use types in the lower reaches area were higher than the other areas, it has the stronger land use landscape stability in theoretically. It had the more land use degree in the upper reaches and the place near the Yangtze River. In the middle reaches, the high elevation areas in the lower reaches had the lowest land use degree.

b. Since 1986, the cultivated land areas increased in the first phase and reduced in the second phase, it revered on the woodland. The grassland and the unused land reduced, water body and the construction area continued to increase in the land areas. Jiangjin District and the Three Gorges Reservoir Area (Chongqing) had the same trend of the land use change, but it differed in Fengjie District and Wuxi District. From the land use and land cover change in the types of view, the relative variety ratio of the cultivated land, woodland and grassland were more than the others, it dispersed on the study areas, but the water body and construction areas are more concentrated. We can find out the land use and land cover types change (forest landscape succession, the transform between the grassland and the cultivated land, the quickly expand of the old urban areas, the new town come into being) by the RS image. We use the model to predict the trend of the land use and land cover change in the future. The cultivated land and the grassland will be reduced, and the woodland, water body and construction area will increased in the future. It distinguished in the 4 typical districts, Jiangjin District and Zhong District had the same LUCC trend of land use and land cover changed with the Three Gorge Reservoir Region; but in the Fengjie District, the cultivated land, woodland and grassland keep lost, the water body, construction area increased; in the Wuxi District, the cultivated land, woodland, water body and the construction area continued to increase, the grassland reduced. By the cultivated index, we study on the cultivated land's area change, from 1986 to 1995, it had tiny transformation, from 1995 to 2007, it increased so fast, also it distinguished in the spatial area, the index in the Chongqing main city zone upriver of the study area increased on the negative, but it rose on the downstream region of the study area. The trend of the cultivated area changed on the 4 typical district were the same with the Three Gorge Reservoir Region, the variety extent of cultivated land in Jiangjin District and Zhong District were more than it on the Fengjie District and Wuxi District. To the woodland, because of the high elevation, the positive change focus on the east, south and northwest of the study area, and the negative change distributed in somewhere of the study areas.

c. The results of the drive force of the land use and land cover change of the study area show as follows. The land use and land cover types distributed in different elevation and slop area, the cultivated land were distributed throughout the middle high and even place, it reversed in the woodland and the grassland, the water body and construction areas distributed in the low and even place. From 1995, the cultivated area in the low and even place reduced in evidence, but it increased in steep slope areas; in high altitude areas, a plenty of woodland had been increased, the grassland reduced , the water body and the construction area had increased, from a geomorphological point of view type, cultivated area were more in the low mountains, hills, and karst plains, woodland were distributed in the low mountain district with the largest areas, grassland in the knap and low mountains in the distribution of apparent, the more concentrated the distribution of construction area in the karst hills and plains. From the soil types, the area of purple soil, yellow soil, paddy soil were lager than others. From 1986 to 1995, the land use/cover change in different soil and physiognomy types were not obvious. Since 1995, changes had accelerated noticeably, in the hills and low mountains had the fastest land use change. Purple soil and paddy soil area were the most widely distributed, it had a better eco-environ-ment, with heavier human disturbance and a strong land use change. From cultivated land changes of typical districts in the Three Gorges Reservoir Area (Chongqing), we find out the Jiangjin District is located in the upper reaches of the reservoir area and its fastest growing economy and the rapid growth pressure of non-agricultural population were the main driving factors of the cultivated land change. The main driving factors of the cultivated land change were the scientific and technological advancement factors and the impact of population movements by the Three Gorges Reservoir migrants. The first driving force of cultivated land changed in Wuxi District were the total population, and followed by the policy factors (agriculture, industrial structure adjustment). Zhong District is located in the middle reaches of the reservoir area, which suffered the most strong impact of policy factors.

d. Here is one of the regions in China with high biodiversity, where the land use and land cover change impact the biodiversity obviously. ① Before the 1980s, widespread destruction of forest vegetation made it a decrease in biodiversity, from the 1990s, although the forest area had been restored, but the biological diversity there was no obvious increased. ② Grassland area was reduced, the quality of the grass was decreased, the diversity reduced. ③ The biodiversity had suffered the disturb come from the human activity of the engineering project, migration and the urban expand, and so on. ④ The Three Gorges Dam Project formed some water-fluctuation-zone, it would impact the algae, vascular plants in the water-fluctuation-zone; on the other side, it could provide a variety of living environment for aquatic organisms. Landuse types affect the level of soil erosion, in the Three Gorges Reservoir Area (Chongqing), the highest soil erosion was on the cultivated land, and woodland was on the lowest soil erosion. In different regions, in the reservoir area downstream (Wuxi District and Fengjie District) soil erosion on cultivated land was strongest, followed by grassland and woodland. In upstream (Jiangjin District), the highest soil erosion was on the grassland. The middle region (Zhong County) had a higher soil erosion in the woodland.

According to the fragmentation of land use type situation, we had classified the 22 districts of the Three Gorges Reservoir Area (Chongqing), They belong to the eastern, central and western regions. Soil erosion decreased from east to west. They correspond to the fragmentation zone of agricultural-grassland, woodland area and the construction-water. Strong soil erosion (erosion intensity, very intensity of erosion and severe erosion) will increase the extent of land use fragmentation, but the landuse fragmentation increased the rate of soil erosion with the level was on the opposite side.

e. From the landscape ecology, The Three Gorges Reservoir Area (Chongqing) landscape heterogeneity was increased, the landscape was more stable, and it resisting ten days bounded disturbances capacity greatly increased, and it can resistant to the disturb of the outside more. From 1986 to 1995, the 'EVI' changed very slow, but from 1995 to 2007, it increased so fast. by the model, we can find that the value of EVI index would increase in varying degrees after 2007. The regional land use had obvious sustainability. From the ecological risk, the upper and middle reaches of the reservoir area of ecological risk were more higher than the reservoir downstream. From 1986 to 2007, the Three Gorges Reservoir Area (Chongqing) had increased the overall ecological risk, but the high ecological risk areas will be more dispersed, and reservoir downstream areas of ecological risk has increased.

目录

1 绪　论

2 三峡库区(重庆段)区域特征

3 地理信息数据库的建立

4　三峡库区(重庆段)土地利用/覆被现状与格局

5　三峡库区(重庆段)土地利用/覆被时空变化过程

6 三峡库区(重庆段)土地利用/覆被变化驱动因素

7 三峡库区(重庆段)土地利用/覆被变化的生态环境效应

8 结论与展望

1

绪　论

1.1　全球变化研究与土地利用/覆被变化

1.1.1　全球变化研究

全球变化，一般是指自然与人为变化导致的在全球环境方面的问题以及其相互之间的作用(彭少麟，1998)。1990年美国的《全球变化研究议案》将全球变化定义为：可能引起地球承载生物能力的环境发生的变化(包括气候、陆地生产能力、海洋、湖泊、河流及其他各种水资源等全球系统的变化)(Wearing C. H.，1988)。从狭义上来看，全球变化主要指大气臭氧层损耗、大气中氧化作用减弱和全球气候变暖；广义上，除上述3方面外，一般还包括生物多样性降低、土地利用格局与环境质量变化(包括水资源污染、荒漠化、森林退化等)、人口急剧增长等一系列环境变化(戈峰等，1993)。这些变化时刻困扰着人类的生产生活，威胁全球的可居住性。全球变化研究与地球表层系统中的人地关系研究是一致的(王丽等，2004)。全球变化同地表系统中人类的生产生活是相互影响，相互依存的。一方面，全球变化深刻影响着地表的形态，给人类社会带来长远影响以及一系列的环境问题；另一方面，人类活动对全球的自然过程特别是全球生态平衡的干扰日益增大。随着人类活动的逐渐加剧，全球变化问题已经由自然因素诱发转为人为因素诱发，人类因素逐渐成为全球变化的主要驱动因素。

全球变化研究是立足于“地球系统”开展的一门综合性学科（李春楚等，1999），它涵盖了地球科学、环境科学、生物学、天文学、遥感以及相关社会科学等多个学科，它具有综合性、交叉性和系统性的特点（IGBP, 2001）。全球变化的研究内容丰富，包括地球系统的岩石圈、大气圈、水圈、冰冻圈、生物圈等各部分间的各种现象、过程及相互作用。全球变化过程涉及物理过程、化学过程和生物过程 3 个基本方面，这 3 个方面存在相互作用，地球系统中的物理、化学、生物和人类等子系统已成为当前全球变化的直接研究对象。

生态环境问题对各国经济与人类社会发展有着深远的影响，它与地球上各种资源的可持续利用与地球的可居性等多个战略性科学与社会问题直接相关（符超峰等，2006）。众多科学家投身于全球变化的研究，已经取得了一系列重要成果，它对减少未来环境预测的不确定性、促进未来社会可持续发展具有巨大价值（陈宜瑜等，2002）。这些成果主要包括以下方面。①对地球系统进行多学科交叉研究，发现一些新的现象，如海洋中高营养盐低生产力区和铁在初级生产力中的重要作用等（邢如楠，2000；Azam F. 等，1983），取得了许多高质量的科学数据。②提出地球系统中几个关键问题，如全球碳循环、水循环、食物系统等，将全球变化研究推进到集成研究阶段（Azam F. 等，2001；孙成权等，2004）。③对地球系统的碳循环有了较深入的认识，初步找到了所谓丢失的“碳汇”（Boyle E. C. , 1990; Thunell R. C. 等，1992; Broecker W. S. , 1987; Prentice I. C. 等，2001）。④建立了热带海洋观测系统（GOOS），特别是在太平洋赤道地区建立了较完整的 E1Nino 监测系统，通过建立一定数值模式可提前半年至一年预报 E1Nino 的发生（Grassl H. , 2000）。⑤在认识气候变率、工业化前的全球大气成分、全球温室气体的自然变化、陆地生态系统对以前气候变化的响应、过去气候系统的突发性变化方面做出了卓越贡献（符超峰等,2006)。大量观测结果和证据表明:地球正在变暖且伴随气候系统改变发生着其他的变化,这些研究揭示出许多人类未知的事实,是国际社会公认的自然科学重要进步(IPCC, 2001)。

中国的全球变化研究始于20世纪80年代后期,在“世界气候研究计划”“国际地圈生物圈计划”“国际全球环境变化人文因素计划”和“生物多样性计划”研究中贡献重大(熊平生等,2008)。同时,在全球环境变化和全球经济一体化的大背景下,我国的可持续发展和国家安全赢得了新的发展机遇、面临新的挑战。对比国际研究,中国全球变化研究在以下领域取得了优势。

(1) 青藏高原。青藏高原是国际研究热点地区,其环境变化研究出现新的科学动态(姚檀栋等,2006):关注关键地区的关键科学问题系统研究;关注以现代地表过程为核心的监测研究;关注全球变化影响下的圈层相互作用研究。

(2) 黄土高原。通过揭示黄土自然环境的历史变迁,反映人类活动的环境效应,预测未来全球变化对人类生存环境的影响,有助于建立黄土高原良性生态循环系统,为我国经济及社会发展提供决策依据和建议。

(3) 喀斯特地貌。我国喀斯特地貌研究在20世纪后期得到了较快发展,特别从20世纪80年代以来,结合物理学、化学、生物学、数学等学科,借助计算机等先进的测试技术的支撑,开辟了多个研究领域,加速了喀斯特地貌理论与应用的发展(宋林华,2000)。

(4) 季风气候区。主要借助黄土古土壤序列、第三纪风尘堆积、湖泊沉积、海洋沉积、岩芯、冰芯、石笋以及多种历史信息,建立季风环境演化序列,在国际全球变化研究领域的学术意义重大。

(5) 人类活动。中国文化历史悠久且能够连续发展,现代社会与古代文明在文化上衔接比较好,能够依靠我国丰富的历史文献和信息,得到更长、更多的气候等自然地理变化状况资料,这些信息是通过自然载体所不能得到的。在国际全球变化的新形势下,21世纪中国的全球变化研究将面临新的挑战与机遇。为此,在新世纪应有更新的研究思路,来推动全球环境变化研究的全面展开。

1.1.2 LUCC与全球变化研究

人类对自然的改造,以地表覆被的变化最为明显:砍伐森林、疏浚沼泽、开辟农田、修建城镇等,这些人类活动造成了地表水热状况及生态系统的变化。就全球尺度而言,人类土地利用活动正以惊人的速度改变着地球表面的土地覆被格局,这是人类与自然长期作用的结果。这种格局的变化不仅影响人类赖以生存的自然资源,引发社会、经济领域的可持续发展问题,还对环境过程(气候变化、生态系统过程、生物地球化学循环和生物多样性等)造成深刻的影响。因此,土地利用和土地覆被变化也成为全球变化的一个重要体现。国际地圈与生物圈计划(IGBP)和全球环境变化人文项目计划(IHDP)在1995年首次联合将土地利用/覆被变化(LUCC)列为其核心研究项目(黄方,2004; Meyer W. B., 1991; Turner B. L., 1990;李秀彬,1996)。

土地利用/覆被变化与全球环境变化和可持续发展的关系是全球变化研究的核心问题。因此,国际上相关研究项目主要围绕土地利用/覆被变化与全球环境变化及可持续发展的关系展开。①土地覆被变化对全球环境变化的影响。主要回答了土地利用如何通过改变土地覆被而影响全球环境变化。②全球环境变化对土地覆被变化的影响。主要是气候变化对土地利用/覆被的影响(Ann Henderson-Sellers, 1994)以及土地利用/覆被对可能的环境变化的敏感性。③土地利用/覆被变化与可持续发展。陆地和海洋生态系统中的土地、水、食物及纤维等资源都会受到土地利用/覆被变化直接或间接的影响。因此,世界环境和发展大会所提出的许多可持续发展问题都与土地利用/覆被变化有关(Quarry J., 1992)。

土地利用/覆被变化的驱动机制已成为全球研究的焦点。结合土地利用/覆被本身的变化,IGBP和IHDP共同制定了《土地利用/覆被变化科学研究计划》,提出3个研究重点。①土地利用的变化机制。对于土地利用的变化机制主要通过区域性案例的比较研究,分析影响土地利用和管理方式改变的自然和社会经济方面的主要驱动因子,建立合适的区域性土地利用/覆被变化经验模型。②土地覆被的变化机制。主要通过遥感影像数据,了解过去土地覆被空间变化过程,并与驱动因子联系起来,建立解释土地覆被时空变化和推断未来的土地覆被变化经验性诊断模型。③区域和全球模型。建立宏观尺度上的,包括与土地利用相关的各经济部门在内的土地利用/覆被变化动态模型,并根据驱动因素的变化来推断土地覆被未来(50～100年)的变化趋势,为制定相应对策和全球环境变化研究服务。其中,土地利用/覆被变化的机制对解释土地覆被时空变化和建立土地利用/覆被变化的预测模型起到关键作用,这是整个全球性环境变化研究计划对土地利用/覆被项目的要求,因而也是研究的焦点问题。

1.2 RS与GIS技术的应用

1.2.1 RS与GIS技术介绍

RS(remote sensing,遥感),广义上是指在不与物体直接接触的情况下,通过某种仪器在较远距离外,接收物体反射或发射的电磁波,得到有关物体的特征和状况的信息(Sabins F. F. Jr,1986)。遥感技术主要是通过航空或航天设备(如飞机、人造卫星等),携带各种传感器(光谱探测仪、多波段扫描摄像仪、雷达发射器等),记录地物光谱特征的技术(Campbell J. B.,1987)。其基本原理是对地表地物光谱或温度特征进行记录,通过计算机的数据或图像处理分析地表特征。不同地面物体,因物理性质、化学组成和空间分布不同,所反射、吸收和发射电磁波的波长、强度、能量组合明显区别。可通过不同媒介搭载不同的光谱记录仪器接收和辨别不同地物发射和反射的光谱,以此来识别地物特征(傅伯杰等,

2001)。

GIS(geographic information system,地理信息系统),是最近几十年发展起来的利用计算机的一种新技术,是地理信息学方法的一种实现手段,是测绘、遥感、计算机、应用数学以及其他应用学科的集成基础平台(边馥苓,1996)。

1.2.2 RS与GIS在全球变化中的作用

遥感具有全球观测的能力,可从多波段、多时相和全天候角度获得全球观测数据(王长耀等,1998),具有信息尺度大、高重复率和经济有效的特点。同时,由于遥感卫星不受国界、局部地区战争和动乱的影响,特别适合对全球进行长时间的观测。卫星遥感能为全球变化研究提供一个内容广泛的数据库,它的时空覆盖能满足全球变化观测要求,也是其他手段难以达到的。

全球变化研究中,借助各种尺度对地观测数据,地理信息系统发挥了3个方面作用。①自然模拟。对自然过程进行时空流场的动力学模拟,在天气预测、预报和对海洋现象的模拟中有很好的应用,并向地震、地球物理场等方面渗透。②人地关系研究。现在的全球变化不再局限于全球气候变化,还扩展到地球系统各个圈层之间的相互作用,尤其是人与自然关系的领域。人类社会活动有许多统计数据,这些数据一般缺乏空间上的概念,但是,利用地理信息系统可以将社会、人文、经济统计数据和自然地理数据叠加起来,进行各种全球变化和持续发展分析。③预测预报。全球变化研究必须与区域可持续发展联系起来,这就需要从全球变化研究中预测区域的分异规律,并在此基础上制定长远发展规划,这也是全球变化研究的最终目的(陈述彭等,1996)。

1.2.3 RS与GIS在LUCC中的应用

目前,在土地利用/覆被变化研究中,广泛引入了多种成熟的技术方法,特别是地学方法,包括遥感技术、GIS技术、模型和数理统计方法等。研究土地利用/覆被变化最根本的目的就是揭示其变化的过程与机制,这需要具有能动态反映变化过程的信息及处理方法。遥感与GIS技术本身的优势,使得其成为土地利用/覆被变化研究技术体系中的重要组成部分。卫星遥感在全球和区域尺度的土地利用/覆被变化研究中已取得了突破性的进展,土地利用遥感研究的新方法也得到进一步发展。在土地利用/覆被变化研究中,遥感技术在两方面起到重要作用。①土地利用/覆被及其变化的遥感分类。②土地利用/覆被变化的动态监测,包括对影响土地利用与土地覆被变化的各类自然、社会与经济因素的变化以及土地利用/覆被本身变化的监测(陈佑启等,2001)。

遥感图像本身的固有误差和其他误差,使得在遥感图像上判读图上的区域界线比较困难。全球定位系统(GPS)的应用,为更准确地界定区域界线提供了可能(于兴修等,2002)。地理信息系统(GIS)的应用,有利于多种来源的海量时空数据综合处理、动态存取、集成管理及建模和模拟。由于空间分析功能也是地理信息系统的主要特征之一,来自图件或影像的土地利用空间信息都可以利用GIS进行分析。所以,它被广泛地应用在土地利用/覆被变化的研究中。目前,GIS的应用功能主要有图像分析、共建叠加分析、空间分析、统计分析与制图等功能,而且出现了土地利用/覆被变化模型与GIS集成的发展趋势,用于土地利用/覆被变化的相关软件不断出现,如Michael W. Berry等建立的系统——LUCAS(臧淑英等,2008)。因此,未来的土地利用/覆被变化研究中,RS、GIS与GPS结合的“3S”技术将担负起更重要的角色。

1.3 土地利用/覆被变化研究进展

1.3.1 国内外土地利用/覆被变化研究进展

土地资源是人类的生存之本,随着经济、社会的发展,人类土地利用活动对土地覆被的改变不断加强,由此产生了许多环境变化问题(傅伯杰等,2004)。土地利用/覆被变化(land use and land cover change, LUCC)是全球环境变化中最显著的方面,它既受到自然因素影响,又受到社会、经济、技术和历史等因素的影响,具有很强的综合性和地域性(Williamson I. L. , 2001),已经逐渐成为全球变化研究中最重要的组成部分与研究热点(lambin E. F. 等,2006)。在此过程中,IGBP 和 IHDP 两大国际组织发挥了至关重要的作用。IGBP 和 IHDP 在 1991 年组建了一个特别委员会,专门针对 LUCC 在全球变化中的重要作用及其问题本身的复杂性,尝试进行自然科学家和社会科学家联合对其进行研究。自 1991 年以来,IGBP 和 IHDP 的执行取得了巨大进展,于 2002 年达到了一个新的阶段(Guy B. 等,2002)。随后,在 2003 年 IGBP 和 IHDP 制定了今后的研究重点,并提出了相关的研究学科(Moran E. F. , 2003)。此后的 LUCC 研究更强调同 IGBP 的其他项目,尤其是全球陆地生态变化的项目(GLP)之间的合作,更加注重了土地变化科学(land change science)的综合研究(彭建等,2006)。2005 年,IGBP 和 IHDP 联合为 GLP 制定了科学计划和实施策略(Ojima D. 等,2005),从而使得土地利用/覆被变化研究更加具有可操作性。

LUCC 研究在 IGBP Ⅰ中主要侧重于研究 LUCC 的过程、驱动机制、建模以及资源、生态环境效应。在 IGBP Ⅱ中除了深化 IGBP Ⅰ中的研究内容外,更侧重研究人类面对 LUCC 及其效应的响应机制及如何在土地利用决策中降低风险,实现可持续发展(彭建,2006)。作为 IGBP 的 8 大核心研究计划和 IHDP 的 5 大核心计划之一的 LUCC 研究,随之发展到了全球陆地计划(global land project, GLP)阶段。但是,区域 LUCC 研究并没有因为进入 GLP 阶段而过时,相反,GLP 研究能否取得成功在很大程度上还取决于高质量的区域 LUCC 研究成果,区域 LUCC 研究作为 GLP 深入研究的基础依然是全球土地变化研究的前沿领域(彭建等,2006)。

目前,多数的区域 LUCC 研究针对如何更好地利用 3S 技术反映 LUCC 的当前和历史状况(刘纪远等,2003; Ambrosio F. L.

等,2000),对土地利用变化驱动力的综合研究也日益活跃(Nagendra H.等,2004;于兴修等,2002),并构建了诸多LUCC模型(Flanagan D. C.等,1995;赵永华等,2006)。但是,当前的研究更多侧重于土地资源调查、分区、分类、规划、评价及开发和管理,对土地利用/覆被变化过程及其对全球变化响应的系统研究相对较少。由于这涉及自然和人文等诸多方面,加强自然科学与人文科学的综合研究已成为该领域众多学者的共识,这也成为今后LUCC研究的一个重要方向。

1.3.2 三峡库区LUCC研究进展

三峡库区是我国水土流失严重的生态环境脆弱区之一,库区的土层瘠薄,保持水土的能力较差。多年以来,区内人口的过快增长、不合理的经济行为、三峡工程和移民安置等造成库区土地利用变化范围广、速度快,易导致土地利用结构不合理、水土流失严重、人地关系紧张。三峡库区的土地利用/覆被研究是三峡库区生态环境变化研究的基础,通过土地利用/覆被的动态监测,可以反映三峡库区生态环境的自然演替过程,掌握库区移民安置、三峡工程施工和水库水位提高后,引起的库区上下游地区自然和社会环境的改变,特别是耕地资源的变化引起的人地关系状况、地表植被覆盖的数量与质量的变化引起的生物量和水土流失等问题(刘瑞民,2006)。因此,三峡库区的土地利用/覆被变化问题受到了普遍关注。余瑞林等研究了1990～2000年三峡库区土地利用的变化情况。程学军等(2007)对三峡库区湖北片区1986～2000年土地利用变化进行了研究。仙巍等(2007)以巫溪县为例对三峡库区不同坡度带与坡向带的景观格局进行对比,结果表明:不同景观类型在同一坡度带及坡向带的景观格局状况不同,同一景观类型在不同坡度带及坡向带也不同。张磊等(2007)对三峡水库建设前后1996～2006年的土地覆盖变化进行分析,提出影响土地覆盖变化的主要原因是城市扩展、库区移民、生态环境政策等原因。邵怀勇等(2008)对三峡库区1955～2000年近50年来的土地利用/覆被变化进行研究,定量分析了三峡库区土地利用的动态变化过程与驱动力。

当前国内对三峡库区土地利用/覆被研究有以下几个特点。①从研究时间看,多数研究时间在2002年以前。2002年以来,研究区的城市化进程越来越快,土地利用/覆被变化受到影响明显。同时,三峡工程三期蓄水开始,也直接影响到研究区水体景观优势度。因此,有必要利用更新的数据来探讨土地利用/覆被变化新情况。②从研究内容上看,更多的研究侧重于从景观生态学角度来分析其景观格局及其变化驱动力等,对于研究区的环境效应研究相对较少。③研究区的选择,一部分以整个三峡库区为研究区,另一部分主要针对库区内某一个区县或流域,而三峡库区内不同区县或不同区域空间差异对比相对较少。④研究技术方法上,一部分研究侧重于通过景观格局指标来反映其景观的空间变化,另一部分主要利用相关模型进行土地利用/覆被变化研究。如综合土地利用动态度模型、单一土地利用动态度模型、土地利用程度模型等。较少见将这些方法综合起来进行更为详细的研究,这些技术方法也是土地利用/覆被变化常规的手段,少有较新的研究方法与技术出现。

1.4 研究内容及意义

1.4.1 研究区与内容

三峡库区大部分在重庆市境内,为了便于数据收集和对比,本研究选择三峡库区(重庆段)作为研究区。根据空间位置、经济发展、地形地貌类型等差异,选择三峡库区(重庆段)内4个典型区县(江津区、忠县、奉节县和巫溪县),对比分析研究区土地利用/覆被变化的空间差异。

内容上主要以RS与GIS为技术支持,在获取研究区土地利用动态数据的基础上，分别从时间尺度（1986～2007 年）和空间尺度（整个研究区与区内 4 个典型区县）上，对比研究区的土地利用现状格局、土地利用动态变化、对未来土地利用/覆被变化趋势进行模拟；结合本区自然条件与社会的统计数据，对研究区土地利用/覆被变化的主要驱动因素进行了对比分析；最后分别从生物多样性、土壤侵蚀、景观变化、生态系统服务价值及生态风险等方面，对土地利用/覆被变化的生态环境效应进行了评价。

1.4.2 研究意义

三峡库区土地利用/覆被变化研究是区域生态环境变化研究的基础，通过区域土地利用/覆被动态变化监测，有助于我们了解三峡库区生态环境的自然演替过程；掌握库区移民安置、三峡工程施工和水库水位提高后所引起的库区内的自然和社会环境的变化，特别是耕地资源的变化所引起的人地关系状况；更好地解决地表植被覆盖的数量与质量的变化引起的生物量和水土流失等问题（刘瑞民，2006）。对三峡库区土地覆被变化的过程与机制的研究，为提高三峡库区生态环境质量及区域土地资源的可持续发展提供参考。

1.4.3 主要研究方法与技术

综合应用了景观生态学基本方法与土地利用/覆被变化的相关模型，同时，尝试着将数量生态学中常用的分类与排序方法应用到本研究中。首先，以研究区 1986 年、1995 年、2000 年和 2007 年 4 期土地利用数据为基本数据源，结合研究区基本信息（DEM、交通、水系、土壤、地貌、行政区划等）建立研究区地理信息数据库。利用 ArcGIS 9.3，Fragstat 3.3，ERDAS 9.1 等软件，结合 SPSS 13、Pcord 4 等统计软件分析土地利用现状、动态变化、驱动因素与生态环境效应。研究技术详细路线见图 1-1。从研究方法来看有如下特点。

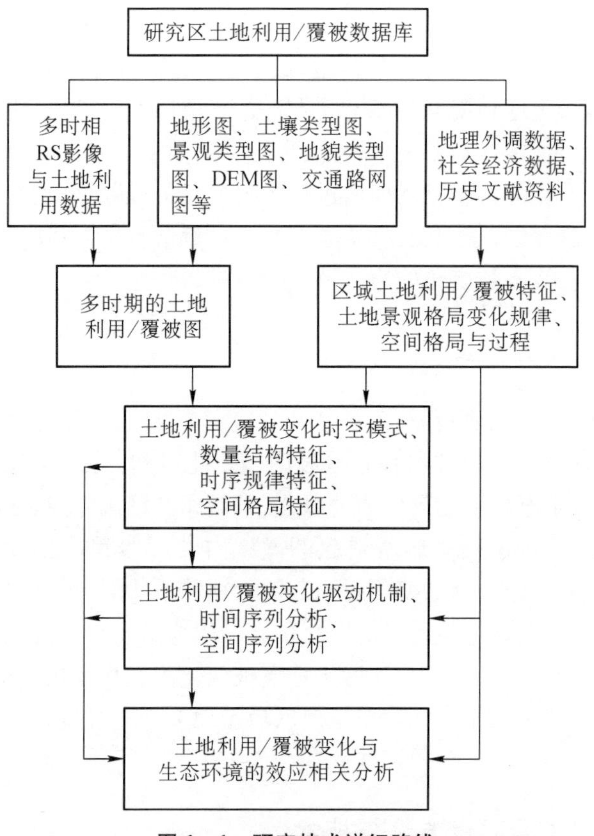

图 1-1　研究技术详细路线

(1) 从土地利用/覆被现状格局、动态变化、景观生态学与生态环境效应等多方面对研究区进行了综合分析,选择三峡库区(重庆段)以及 4 个典型区县,从不同的空间尺度进行横向与纵向对比分析,研究内容相对全面。

(2) 时间尺度上,使用了 2007 年的土地利用数据,时效上更新。

(3) 研究方法上,一方面利用常规的土地利用/覆被变化的指数与模型,同时又将数量生态学中的分类排序法应用到本研究中,具有一定新意。

参考文献

[1] 边馥苓. GIS－地理信息系统原理和方法. 北京:科学出版社,1996.

[2] 陈述彭,邵宇宾. 全球变化研究与地理信息系统. 地理学报,1996,12(51)增刊:15－25.

[3] 陈宜瑜,陈泮勤,葛全胜,等. 全球变化研究进展与展望. 地学前缘,2002,9(1):11－18.

[4] 陈佑启,杨鹏. 国际上土地利用/土地覆盖变化研究的新进展. 经济地理,2001,1(21):95－100.

[5] 程学军,谭德宝. 三峡库区土地利用动态变化研究. 长江科学院院报,2004,21(3):32－35.

[6] 符超峰,安芷生,强小科,等. 全球变化研究进展和面临的挑战及应对策略. 干旱区研究,2006,23(1):1－7.

[7] 傅伯杰,陈利顶,等. 环渤海地区土地利用变化及可持续利用研究. 北京:科学出版社,2004.

[8] 傅伯杰,陈利顶,马克明,等. 景观生态学原理和应用. 北京:科学出版社,2001.

[9] 戈峰,等. 棉田害虫生态调控的原理与方法//全国首届新学说、新观点学术讨论会论文集. 北京:中国科学技术出版社,1993:214－217.

[10] 黄方,刘湘南,刘权,等. 辽河中下游流域土地利用变化及其生态环境效应. 水土保持通报,2004,24(6):18－21.

[11] 李春楚,雷亚平. 全球变化与我国海岸带研究回顾. 地球科学进展,1999,14(2):189－192.

[12] 李秀彬. 全球环境变化研究的核心领域:土地利用/土地覆被变化的国际研究动向. 地理学报,1996,51(5):553－557.

[13] 刘纪远,张增祥,庄大方,等. 20 世纪 90 年代中国土地利用驱动力时空动态变化分析. 地理研究,2003,22(1):1－12.

[14] 刘瑞民. 土地利用覆盖变化对长江流域非点源污染的影响及其信息系统建设. 长江流域资源与环境,2006,15(3):372－377.

[15] 彭建,蔡运龙. LUCC 框架下喀斯特地区土地利用/覆被变化研究现状与展望. 中国土地科学,2006,20(5):48－53.

[16] 彭建. 喀斯特生态脆弱区土地利用/覆被变化研究——以贵州猫跳河流域为例. 北京:北京大学博士学位论文,2006.

[17] 彭少麟. 全球变化与可持续发展. 生态学杂志,1998,17(2):32-37.

[18] 邵怀勇,仙巍,杨武年. 三峡库区近50年间土地利用/覆被变化. 应用生态学报,2008,19(2):493-498.

[19] 宋林华. 喀斯特地貌研究进展与趋势. 地理科学进展,2000,19(3):193-202.

[20] 孙成权,林海,曲建升. 国际全球变化研究核心计划与集成研究. 北京:气象出版社,2004.

[21] 王长耀,布和敖斯尔,狄小春. 遥感技术在全球环境变化研究中的作用. 地球科学进展,1998,3(13):278-284.

[22] 王丽,王建力. 全球变化研究与人地关系地域系统研究的统一. 热带地理,2004,24(4):301-305.

[23] 仙巍,邵怀勇,周万村. 基于3S技术的三峡库区不同坡度带与坡向带的景观格局研究—以巫溪县为例. 中国生态农业学报,2007,15(1):140-144.

[24] 邢如楠. 带生物泵三维全球海洋循环碳循环模式. 大气科学,2000,24(3):333-340.

[25] 熊平生,谢世友. 中国全球变化研究优势领域及进展. 地理与地理信息科学,2008,24(3):85-89.

[26] 姚檀栋,朱立平. 青藏高原环境变化对全球变化的响应及其适应对策. 地球科学进展,2006,21(5):459-465.

[27] 于兴修,杨桂山. 中国土地利用/覆被变化研究的现状与问题. 地理科学进展,2002,21(1):51-57.

[28] 臧淑英,冯仲科. 资源型城市土地利用与土地覆被变化与景观动态. 北京:科学出版社,2008.

[29] 张磊,董立新,吴炳方. 三峡水库建设前后库区10年土地利用/覆盖变化. 长江流域资源与环境,2007,16(1):107-112.

[30] 赵永华,何兴元,胡远满. 岷江上游土地利用和土地覆被变化及其驱动力研究. 应用生态学报,2006,17(5):862-866.

[31] Ambrosio F L, Iglesias M L. Land cover estimation in small areas using ground survey and remote sensing. Remote Sensing of Environment, 2000,74:240 - 248.

[32] Ann Henderson-Sellers A. Landuse change and climate. Land Degradation & Rehabilitation, 1994,5:107 - 126.

[33] Azam F, Fenchel T, Field J G, et al. The ecological role of water-column microbes in the sea. Mar Ecol Prog Ser, 1983, 10:257.

[34] Boyle E C. Quaternary deepwater pale oceanography. Science, 1990,274: 863 - 869.

[35] Broecker W S, Peng T H. The role of $CaCO_3$ compensation in the glacial to interglacial atmospherics CO_2 change. Global Biogeochemical Cycles, 1987(1):15 - 29.

[36] Campbell J B. Introduction to remote sensing. New York: The Guilford Press, 1987.

[37] Flanagan D C, Nearing M A, Laflen J M. USDA — water erosion prediction project: hill slope profile and watershed model documentation. NSERL Report No. 10. West lafayette: USDA-ARS national soil erosion research laboratory, 1995.

[38] Grassl H. Status and improvements of coupled general circulation models. Science, 2000,288:1991.

[39] Guy B, Moore III B. The new and evolving IGBP. IGBP Newsletter, 2002,50:1 - 3.

[40] IGBP, IHDP, WCRP, DIVERSITAS. Global change and earth system: a planet under pressure. IGBP Science Series, 2001.

[41] IPCC. Climatic change 2001: the scientific basis-summary for policymakers and technical summary of the working group report. Cambridge: Cambridge University Press, 2001:98.

[42] lambin E F, H J G. Land use and land cover change. Springer, 2006.

[43] Meyer W B, Turner II B L. Changes in land use and land cover: a global perspective. Cambridge: Cambridge University Press, 1991.

[44] Moran E F. News on the land project. Global Change News Letter Issue, 2003,4:19 - 20.

[45] Nagendra H, Munroe D K, Southworth J. Introduction to the special issue from pattern to process: landscape fragmentation and the analysis of land use/land cover change. Agriculture Ecosystem and Environment, 2004,101:111 - 115.

[46] Ojima D, M E E. Global land project: science plan and implementation strategy. Stockholm: IGBP Report No. 53/ IHDP Report No. 19,2005:64.

[47] Prentice I C, Farquhar G D, Fasham M L, et al. The carbon cycle and atmospherics carbon dioxide//IPCC, et al. Climate Change 2001: The Scientific Basis. Cambridge: Cambridge University Press, 2001:183.

[48] Quarry J. Earth summit. London: The Regency Press, 1992.

[49] Sabins F F Jr. Remote sensing: principles and interpretation. 2nd ed. New York: W H Freemand and Co, 1986.

[50] Steffen W, Sanderson A, Tyson P D, et al. Global change and the earth system: a planet under pressure. IGBP Science Series Stockholm: IGBP, 2001:10.

[51] Thunell R C, Miao Q, Calvert S E, et al. Glacial-Holocene biogenic sedimentation patterns in the South China Sea: productivity variations and surface water Pco_2. Pale Oceanography, 1992,7(2):143 - 162.

[52] Turner Ⅱ B L, et al. Two types of global environmental change: definitional and spatial scale issues in their human dimensions. Global Environmental Change, 1990, 1 (1): 14 - 22.

[53] Wearing C H. Evaluating the IPM implementation processes. Annual Review of Entomology, 1988,33:19 - 38.

[54] Williamson I LTing. Land administration and cadastral trends-a frarne work for re-engineering. Computers, Environment and Urban Systems, 2001,25(4\5):339 - 366.

2

三峡库区(重庆段)区域特征*

2.1 研究区自然特征

2.1.1 研究区概况

三峡库区(重庆段)东边为巫山县、西边江津区、南到武隆县、北至开县,位于105°49′～110°12′E、28°31′～31°44′N之间(图2-1)。共包括了22个区、县(自治县),面积约46 158.53 km^2。位于四川盆地和长江中下游平原结合处,北边有大巴山、南边靠近川鄂高原,跨越鄂中山区峡谷及川东岭谷地带。三峡库区(重庆段)境内的土地利用类型多样化,土地结构组成复杂、垂直方向有明显的差别。研究区内水土流失严重,面积约为10 000 km^2。大部分地区山高谷深,自然地理条件复杂多样,常见的地质灾害有地震、崩塌、滑坡、泥石流等。这里位于我国中亚热带湿润地区,属亚热带季风气候,气候特点为冬暖、春旱、夏热、秋凉多雨、霜雪少、湿度大、云雾多等。年平均气温为14.9～18.5 ℃,年平均降雨量为1 000～1 300 mm,水热条件丰富,在垂直方向上气候带分布明显。研究区具有丰富的生物资源,在植物区系和植被类型上丰富性和

* 本章部分数据来自重庆市统计年鉴2008、国土资源部三峡库区地质灾害防治工作指挥部网(http://www.sxdzfz.gov.cn/)

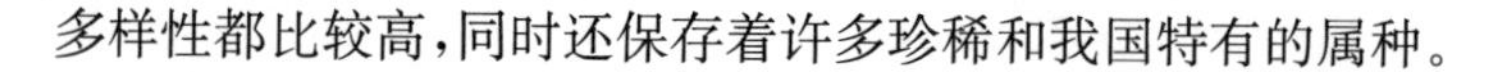

多样性都比较高，同时还保存着许多珍稀和我国特有的属种。

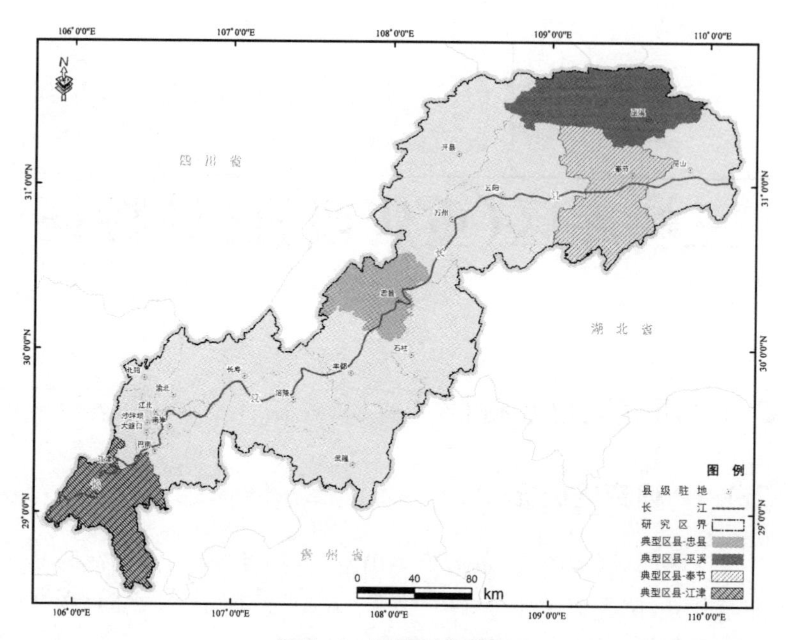

图 2-1　研究区位置图

江津区位于研究区上游，区内公路、铁路和水路交通都比较发达，距离重庆市核心区约 50 km 公路里程、65 km 铁路里程、72 km 水路里程。气候特点与重庆市较接近，但综合气象指标优于重庆市。这里的地形为南高北低，最低处海拔 136 m、最高点海拔 1 683 m，江津区的平均海拔约为 209.7 m（图 2-2），土地总面积约为 3 200.44 km^2。

忠县居于三峡库区（重庆段）的中游地区，是重庆市中部与三峡库区的腹心地带。忠县东西约为 66.45 km，南北约为 60.15 km（图 2-2），土地总面积约为 2 183 km^2。忠县地区是典型的丘陵地貌，主要分为金华山、方斗山、猫耳山 3 个背斜和其间的拔山、忠州 2 个向斜。全县最高点海拔约为 1 657 m，最低处海拔约为 30 m。忠县位于我国的暖湿亚热带东南季风区，属于亚热带东南季风

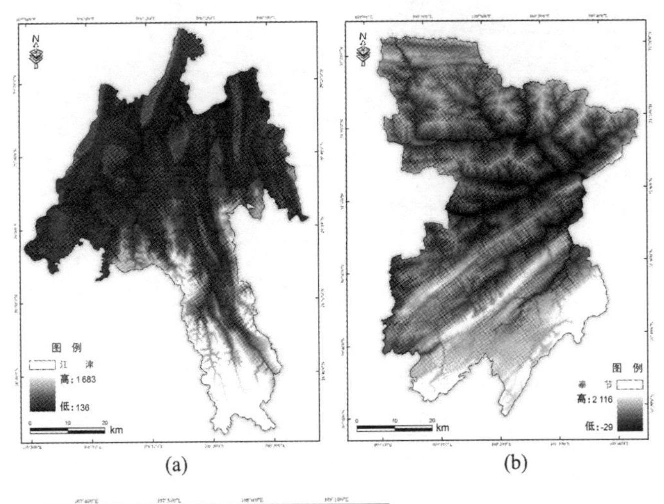

(a) (b)

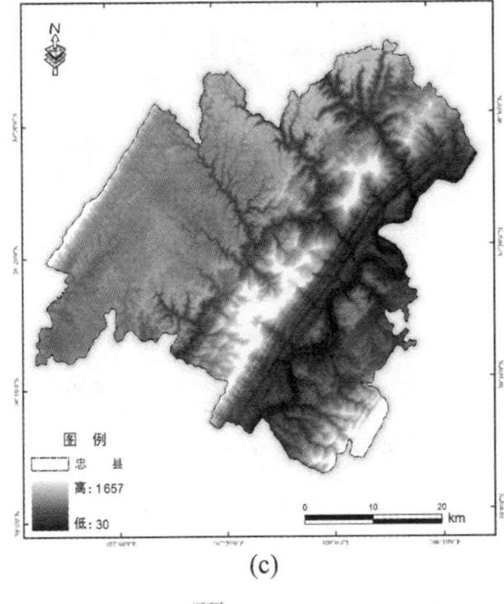

(c)

图 2-2 典型区县数字高程图

(a) 江津区数字高程图;
(b) 奉节县数字高程图;
(c) 忠县数字高程图;
(d) 巫溪县数字高程图

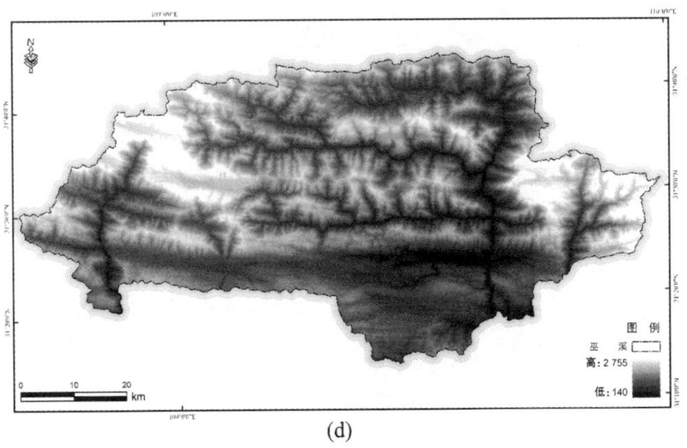

(d)

区山地气候，≥10 ℃年平均积温大约是 5 787 ℃，年平均温度约为 18.2 ℃，无霜期 341 d，日照数约为 1 327.5 h，日照率 29%，年平均降雨量约为 1 200 mm，相对湿度 80%。

奉节县地处四川盆地东边，长江三峡库区腹心，东边紧邻巫山县，南边与湖北省的恩施接壤，西边与重庆市云阳县相接，北边靠近重庆市巫溪县。奉节县从东至西约为 71.4 km，南北长约为 97.7 km(图 2-2)，全区土地总面积约 4 099.28 km^2。长江从奉节县中部穿过，是周边地区最为便利的水上通道，也是连接湖南省、湖北省、重庆市的重要地区。奉节县内气候一年四季差别明显，年降雨量相对丰富。

巫溪县主体位于大巴山东段南麓的重庆市、陕西省和湖北省 3 省(市)结合地区，范围 108°44′～109°58′E、31°14′～31°44′N。巫溪县土地总面积约为 4 030 km^2，管辖 30 个乡镇，348 个行政村。巫溪县属于较典型的中深切割中山地形，这里地势具有山大、坡陡的特点。全县最低处海拔约为 140 m，最高点海拔 2 755 m(图 2-2)；巫溪县处在我国的亚热带暖湿季风气候区，一年四季差别明显，年降雨量丰富。同时，这里有多种丰富的资源，其中旅游资源多样，矿产资源较为丰富，动植物资源优势显著。

2.1.2 研究区地质地貌特征

三峡库区(重庆段)主体处于杨子准地台区，北边同秦岭地槽相接。以巫山与奉节间的齐岳山基底断裂为界，西边为四川台坳(川滇块陷)，东边是上杨子台褶带(鄂西块隆)。近库首地段(三斗坪—巴东)位于上杨子台褶带，巴东至奉节处于上杨子台褶带与四川台坳过渡地带。三峡库区(重庆段)横跨川鄂褶皱带中段和川东弧形褶皱带东段，北为大巴山弧形褶皱带，东南与长阳东西向构造带相邻，西南有川黔南北向构造带插入，东与淮阳山字形构造相接。库区内断裂不甚发育，库首段有九湾溪断裂、仙女山断裂、新华断裂等，巴东—奉节段有齐岳山断裂、恩施断裂、郁江断裂、黔江断裂等。奉节以西断裂不发育,区内规模较大的仙女山和新华断裂距库区比较远,横穿干流水库的主要断裂有九湾溪、牛口、横石溪、杨家棚、黄草山等。建始断裂北延的坪阳坝断裂、碚石断裂与龙船河、冷水溪等支流库段相交(彩图 1)。三峡库区位于我国地势第二级阶梯东边,地貌受到地层的岩性、地质构造和新构造运动控制,以奉节县为界,可分为东西两大地貌单元,西边为三峡侵蚀溶蚀低中山峡谷段,东边是川东侵蚀剥蚀低山丘陵平行"岭谷"段(彩图 2)。三峡库区的地层除缺失泥盆系下统、石炭系上统、白垩系的一部分和第三系以外,自前震旦系至第四系都有出露,分布从东向西自老而新展开。从三斗坪至庙河段出露前震旦系结晶岩;庙河至香溪则为震旦系至三叠系至侏罗系地层;牛口至观武镇三叠系中、下统有大面积出露;观武镇以西至库尾近 400 km 的库区,侏罗系地层广为分布,仅在背斜核部出露三叠系及少量二叠系地层。第四系堆积物零星分布在河流阶地、剥蚀面及斜坡地带,而分布集中、体积较大的第四系堆积体大都是崩塌、滑坡体。

2.1.3 研究区气候概况

研究区属亚热带季风气候区,地形复杂,气候垂直变化明显。北边由于有大巴山的阻挡,冬季北方寒流不易侵入,夏季南方湿热气候越过云贵高原产生"焚风效应",使得本区气候有冬暖、春旱、夏热、伏旱、秋雨、云雾多、生长期长、霜雪少的特点。库区年平均温度为 14.9～18.5 ℃,冬季较短,60～70 d,夏季热,长达 140～150 d,最热为 7 月,平均气温为 28～30 ℃。库区内年降水量丰富,但是季节分配不均,其中 4～10 月为雨季,春末夏初降水较多;7、8 月连晴高温,容易导致伏旱。

近些年来三峡库区内的气候条件波动大,有学者利用历史气候资料对三峡库区的气候变化进行了分析。刘海隆(2003)对三峡库区重庆范围 1961～2000 年的气候变化对比发现,气温、日照等气象因子的变化具有20年的主要周期，在空间上，东部气温非周期性平均变化2.0℃，降水量平均减少171.5 mm，比中西部明显。刘祥梅(2007)对1951～2004年，1980～2004年两个时期的三峡库区气候进行评价，对各气候因子变化进行对比分析，结果表明：1980～2004年，年均温与春、夏、秋、冬季均温都呈上升趋势，三峡工程建设以来(1996年)，年均温、最高气温与最低气温在春、秋、冬季增加明显；年降水量减少，春、冬季降水量增加，夏、秋季降水量减少，三峡工程建设以来降水量变化幅度增大。

2.1.4 研究区水文特征

三峡库区境内流域面积大于100 km^2 的河流约为207条，面积大于1 000 km^2 的河流约为40条(彩图3)。库区内水系发达，有多条河流在区内注入长江，其中主要有香溪河、清干河、龙船河、大宁河、大溪、梅溪河、磨刀河、汤溪河、小江、汝溪、黄金河、渠溪河、龙河、乌江、黎香河、龙溪河、桃花溪等。库区最大的一条支流是乌江，乌江的源头是贵州省乌蒙山东麓，经彭水县和武隆县，在涪陵区流入长江。库区水资源较为丰富，由于三峡库区主要分布在重庆市内，通过2006年重庆市基本水文信息来反映三峡库区的水特征：2006年，重庆市的平均降水量929.4 mm，折合年降水量765.866 7×10^8 m^3，比上年偏少，比多年平均降水量也偏少。2006年全市地表水资源总量约为380.319 1×10^8 m^3，比上年偏少约1/4，较多年平均值偏少约1/3。对重庆境内的长江、嘉陵江、乌江、涪江和渠江(以下简称“五江”)长约1 211 km的河段的水质进行评价，其结果表明：排除粪大肠菌群、总P和总N的因素，长江评价河段内全年水质以Ⅲ类为主；嘉陵江评价河段内全年水质以Ⅲ类以上为主；乌江、涪江和渠江评价河段全年内水质均为Ⅲ类。2006年大多次级河流水质有所好转(重庆水资源公报，2006)。

2.1.5 研究区土壤植被特征

三峡库区内主要分布有紫色土、石灰土、黄壤、水稻土(母质主要为紫色砂、泥岩)、棕壤等类型,其中以紫色土和石灰土分布面积最广(彩图4)。石灰土是营养元素最丰富的土壤,黄壤是营养元素最低的土壤。母岩对土壤营养元素分布有明显的影响,如灰岩母岩区土壤营养元素最丰富;砂岩母岩区土壤营养元素含量最低;泥岩类母岩区的土壤营养元素含量较高;粉砂岩母岩区土壤营养元素含量居于泥岩与砂岩母岩区土壤之间。地形地貌对土壤中营养元素的分布有影响,随地形坡度变缓,紫色土中的N、S、Mo含量增高,Fe、Mn、P含量有增高趋势;随海拔降低,紫色土中P、S含量增高,Mn、Mo含量有增高趋势(唐将等,2005)。研究区的土壤环境质量总体较好,除巫山、奉节地区存在一定区域性的2类土外,表层土壤中As、Cu、Hg、Pb、Zn等元素1类土占全区面积均在90%以上。三峡库区存在大量Cd 2类土,主要分布在万州—涪陵一带。三峡库区沿江两岸工厂的排放活动导致少量的Cr、Ni 2类土存在;库区内从事大量的农事活动,化肥、农药等大量施用,使得Cd 2类土有较多的分布(唐将等,2005)。

三峡库区内植被类型多样,森林是主要植被类型,由于地形条件的限制,在长江岸两边海拔800 m以下地区森林较少分布。从整个研究区来看,马尾松、柏木林的分布面积较大,借助于飞播或人工种植,在许多疏林中逐渐成为主要树种之一。值得注意的是,不合理的土地利用方式和人为干扰活动导致森林生态系统退化严重、生产力降低和水土流失加剧。三峡工程建设和移民安置活动在一定时期内对三峡库区森林生态系统造成影响。整体上,三峡库区内植物生物多样性较高,植物种类在5 032种以上,多为乡土树种。三峡库区蓄水对部分植物有所冲击,但其中大部分在未淹没区广为分布。

2.2 研究区社会概况

2.2.1 研究区人口概况

1999年,三峡库区总人口1 600万,人口自然增长率为5.29‰,人口密度260人/km^2,超过全国平均人口密度一倍多,人均耕地仅0.06 hm^2(其中坡度在25°～40°的坡耕地占30%)。农业人口占81%,地理分布不合理,很多中低山地区人口稀少,大量土地资源被闲置,一些高山地区,可耕地相对较少,人口密度反而较大。三峡水库的形成又将淹没耕地238 km^2,柑橘地50 km^2,涉及移民达117.15万人,人地矛盾日趋尖锐。人口规模确定了库区现在与未来的消费基础,人口增长形成了对资源及环境的沉重压力,人口素质妨碍对生态平衡和环境保护的认识,人口的不合理分布影响经济的均衡发展(周孝华,1999)。至2001年末,三峡库区总人口1 962.12万,比2000年减少0.2%。其中,农业人口1 438.93万,非农业人口523.19万,非农业人口占总人口的比重为26.7%,比2000年升高1个百分点(姚婧,2008)。

2008年末,江津区常住人口127.51万,比上年增加1.02万,其中城镇人口68.6万,增加2.88万,城镇化率53.8%,比上年末提高1.8个百分点。年末全区户籍总人口148.65万,比上年增加0.98万。其中,非农业人口40.02万,农业人口108.63万。

截至2010年末,忠县户籍户数33.45万,户籍人口100.41万,其中非农业人口20.60万,农业人口79.81万;男性52.33万人,女性48.08万人。全县男女人口比为108.8∶100。全县常住人口75.14万,流动人口25.27万。

巫溪县2011年末有户籍户数113 669户,总人口539 173人,比上年末减少5 086人;全县男女人口比为111.2∶100;全年出生人口8 612人,其中男性4 336人、女性4 276人,出生率为15.2‰;死亡人口4 074人,其中男性2 568人、女性1 506人,死亡率为

7.6‰;人口自然增长率为7.6‰。年末有常住人口40.95万,城镇人口11.02万,城镇化率26.91%。

奉节县总人口104.8万,其中土家族、回族、藏族、苗族、满族、水族、布依族、仡佬族等23个少数民族群众15 000余人,占全县总人口1.7%。全县现有云雾、龙桥、长安、太和4个土家族乡。

2.2.2 研究区经济概况

三峡库区经济发展整体水平较低,本区内部发展不平衡,二元经济结构典型,资金和高素质的人力资本短缺,经济运行的体制成本高。1997～2004年,重庆三峡库区GDP的年平均增长率为9.03%,略高于西部(8.99%)和重庆市(9.01%)的增长率。资料表明,2004年三峡库区(重庆段)人均GDP为6 110元,为重庆市的56.1%,相当于全国水平的58.2%,农民人均纯收入为2 147元,为重庆市的74.6%,相当于全国水平的73.1%,且差距逐年加大。

2008年上半年,三峡库区(重庆段)区县完成地区生产总值768.96亿元,按可比价格计算,同比增长17.4%,增速高于全市平均水平2.2个百分点。其中8个重点移民区县完成地区生产总值381.94亿元,同比增长19.5%,增速高于全市4.3个百分点。实现社会消费品零售总额308.78亿元,同比增长28.3%,高于全市3.8个百分点。其中8个重点移民区县151.06亿元,同比增长25.5%。完成固定资产投资611.59亿元,同比增长30.7%,占全市总量的42.4%。其中8个重点区县完成投资232.48亿元,同比增长36.9%。实现地方财政收入67.06亿元,同比增长62.7%。其中8个重点区县29.22亿元,同比增长66.7%。农村移民人均现金收入2 086元,城镇移民家庭人均可支配收入3 793元,同比分别增长29.8%、15%。

2011年,江津区地区生产总值383.8亿元,是2006年的2.6倍,同比增长17.9%。工业总产值766亿元,是2006年的4.7倍,同比增长36.7%。固定资产投资298亿元,是2006年的3.7倍,同比增长30.3%。社会消费品零售总额130亿元,是2006年的2.6倍,同比增长21.4%。地方财政收入70.8亿元,是2006年的8.7倍,同比增长76.5%。城镇居民人均可支配收入19 330元,同比增长16.1%。农村居民人均纯收入8 694元,同比增长22.9%。

2010年,忠县实现地区生产总值(GDP)1 094 111万元,比上年增长16.2%。"十一五"期间年均增长16.4%。按产业划分,第一产业增加值208 181万元,增长6.4%;第二产业增加值451 816万元,增长22.8%;第三产业增加值434 114万元,增长15.4%。三次产业结构由2009年的19.7∶40.8∶39.5调整为19.0∶41.3∶39.7,第一产业在国民经济中所占比重较上年下降0.7个百分点,第二产业的在国民经济中所占比重较上年提高0.5个百分点,比第三产业比重高0.2个百分点。三次产业对经济增长的贡献率分别为8.6%、53.0%和38.4%,三次产业分别拉动全县经济增长1.4、8.6和6.2个百分点。

2008年,巫溪县完成社会生产总值23.56亿元,比上年增长15.5%。完成全社会固定资产投资24.52亿元,同比增长41.0%。实现地方财政收入1.38亿元,比上年增长25.7%;其中一般预算收入8 673万元,增长25.2%。实现社会消费品零售总额9.53亿元,比上年增长23.0%。三次产业比为31.9∶24.6∶43.5。城镇居民人均可支配收入9 335元,农民人均纯收入2 803元,同比分别增长13.0%、16.3%。全县金融机构存款余额33.5亿元,比年初增长9.4%。各项贷款余额11亿元。

2011年,奉节县地区生产总值124亿元,增长16.5%。地方财政收入12亿元,增长59.2%。城镇居民人均可支配收入14 555元,增长16%。农民人均纯收入4 901元,增长18%。2012年,全县GDP突破140亿元,地方财政收入突破17亿元,全社会固定资产投资突破160亿元,社会消费品零售总额突破40亿元。

2.2.3 研究区交通概况

受地理条件制约,过去三峡地区的交通主要依赖川江航运。

三峡工程蓄水以来，库区水上交通条件大为改善，形成由三峡坝区至重庆丰都近 400 km 的“水上高速公路”。库区中心港口万州港成为仅次于朝天门港的重庆市第二大港，同时也发展成为长江“黄金水道”上的枢纽港口之一。库区第一条铁路——四川达州至重庆万州铁路，于 2001 年建成通车。首条穿越长江三峡的沿江铁路——湖北宜昌至重庆万州铁路，2008 年建成通车，它成为四川、重庆等地通向东部的一条快速通道(彩图 5)。

长江天险一直是影响库区发展和制约两岸交流的障碍，借着移民迁建这个机遇，库区的涪陵、忠县、丰都、万州、奉节、巫山等区县都兴建了多座长江大桥。库区的公路网得到逐步完善，基本形成了市县两级公路网。高速公路建设步伐加快，沪蓉高速公路重庆境内段已经通车，三峡库区东部出海大通道基本打通。区内航空发展迅速，江北国际机场是我国西南地区重要的航空港，而位于万州区的五桥机场填补了三峡库区中游地区民航运输的空白，该机场已开通直达北京、广州、西安等城市航线，成为三峡库区重要的空中交通基地。

参考文献

[1] 刘海隆，杨晓光，王玲. 重庆三峡库区农业气候变化的研究. 中国生态农业学报，2003，11(4)：139－142.

[2] 刘祥梅. 三峡库区的气候评价及近 54 年来的气候变化. 重庆：西南大学硕士学位论文，2007.

[3] 唐将，李勇，邓富银. 三峡库区土壤营养元素分布特征研究. 土壤学报，2005，42(3)：473－479.

[4] 姚婧. 基于 RS & GIS 的三峡库区森林植被景观分类及其分布格局研究. 武汉：华中农业大学硕士论文，2008.

[5] 周孝华，叶泽川，杨秀苔. 三峡库区人口、资源、环境与经济的协调发展. 地域研究与开发，1999，18(3)：41－44.

3

地理信息数据库的建立

3.1 数据库内容和分类

3.1.1 数据库建立的原理和方法

基于一定目的，建立的特定数据存储相关联的数据集合统称数据库。它是数据管理过程的高级阶段。地理空间数据库则强调数据在某一空间范围内的相关地理要素特征，它为地理信息系统的空间分析和决策提供数据基础。本研究在 RS 和 GIS 支持下，建立了空间信息数据库。融合包括土地利用信息、卫星遥感影像、环境背景、专题图形、农业统计等类型与时空尺度各不相同的多种数据，建立起了能够进行数据采集、编辑、查询、检索、分析和图形输出的景观动态信息空间数据库，这些数据具有空间差异性和时间动态性，可以实现区域的空间分析以及地理信息数据、社会经济数据等多种要素的综合性分析(刘殿伟，2006)。

本数据库建立依托西南大学地理科学院与三峡库区生态环境教育部重点实验室景观生态室的硬、软件设备。硬件设备包括图形工作站、扫描仪、宽幅彩色打印机等。软件设备以 ArcGIS 9.3、ArcView 3.2、ERDAS 9.1 和 Photoshop CS 2 为核心，另外还使用统计软件 SPSS、Origin 7.5、Pcord 4、Canoco 软件包等进行辅助编辑和统计分析工作。

空间数据分析的地图，我们采用正轴等面积双标准纬线割圆锥投(Albers)，基础参数为：

Projected Coordinate System：Krasovsky_1940_Albers
False_Easting：0.00000000
False_Northing：0.00000000
Central_Meridian：105.00000000
Standard_Parallel_1：25.00000000
Standard_Parallel_2：47.00000000
Latitude_Of_Origin：0.00000000
Linear Unit：Meter (1.000000)
Datum：D_Krasovsky_1940
Prime Meridian：0
统一空间单位：m

3.1.2 数据库内容

选择三峡库区(重庆段)范围内数据，以 1986 年、1995 年、2000 年和 2007 年土地利用现状数据为主(彩图 6 至彩图 21)，以江津区、忠县、奉节县和巫溪县 4 个典型区县 3 个时期的遥感影像图为补充的基础数据源。其他相关数据内容包括气候数据、地貌数据、水系数据、土壤数据、植被数据、交通数据、社会经济统计数据等。主要数据库组成如图 3-1 所示。

3.1.3 土地利用分类系统

土地利用数据是本研究最重要的基础数据，本研究土地利用/覆被分类参照国内常规分类标准(表 3-1)，包括土地利用类型一级、二级分类名称以及每种土地利用类型的详细说明。

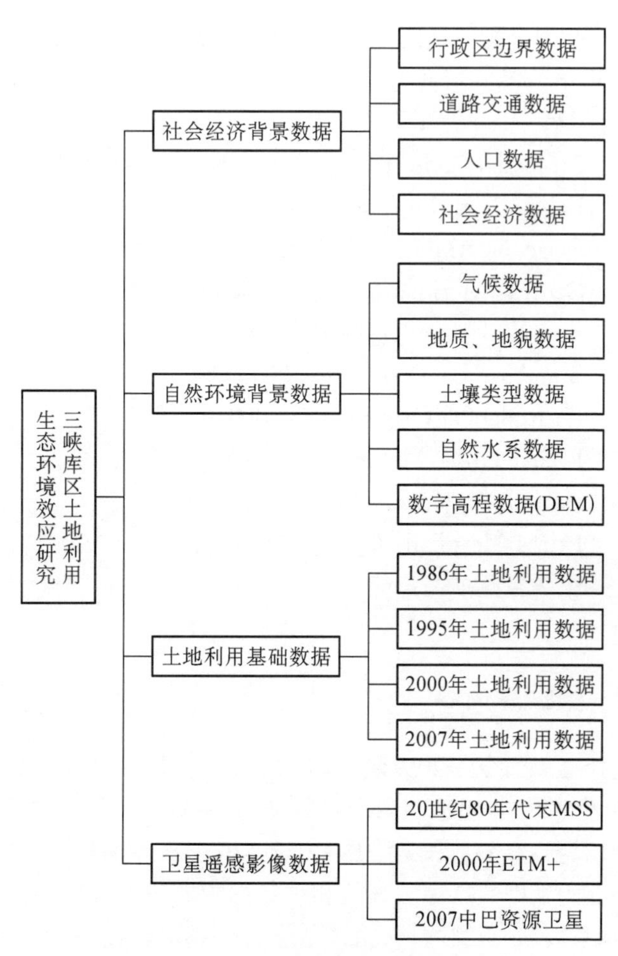

图 3-1　研究区数据库组成

表 3-1　土地利用分类标准

一级分类	二级分类
1　耕地 指种植农作物的土地。包括熟耕地、新开荒地、休闲地、轮歇	11　水田：指有水源保证和灌溉措施，在一般年景能正常灌溉，用以种植水稻、莲藕等水生农作物的耕地，包括实行水稻和旱地作物轮种的耕地 111　山区水田　112　丘陵区水田　113　平原区水田　114　>25°坡度区的水田

续表

一级分类	二级分类
地、草田轮作地、农林用地、耕种三年以上的滩地和滩涂	12 旱地:指无灌溉水源及设施,靠天然降水生长作物的耕地;有水源和浇灌设施,在一般年景下能正常灌溉的旱作物耕地;以种菜为主的耕地;正常轮作的休闲地和轮歇地 121 山区旱地 122 丘陵区旱地 123 平原区旱地 124 >25°坡度区的旱地
2 林地 指生长乔木、灌木、竹类以及沿海红树林地等林业用地	21 有林地:指郁闭度>30%的天然林和人工林。包括用材林、经济林、防护林等成片林地 22 灌木林地:指郁闭度>40%、高度在 2 m 以下的矮林地和灌木林地 23 疏林地:指郁闭度为 10%~30%的稀疏林地 24 其他林地:指未成林造林地、迹地、苗圃及各类园地(果园、桑园、茶园、热带林园等)
3 草地 指以生长草本植物为主、覆盖度在 5%以上的各类草地,包括以牧为主的灌木丛草地和郁闭度 10%以下的草地	31 高覆盖度草地:指覆盖度>50%的天然草地、改良草地和割草地。此类草地一般水分条件较好,草被生长茂密 32 中覆盖度草地:指覆盖度在 20%~50%的天然草地和改良草地,此类草地一般水分不足,草被较稀疏 33 低覆盖度草地:指覆盖度在 5%~20%的天然草地,此类草地水分缺乏,草被稀疏,牧业利用条件差
4 水域 指天然陆地水域和水利设施用地	41 河渠:指天然形成或人工开挖的河流及主干渠常年水位以下的土地,人工渠包括堤岸 42 湖泊:指天然形成的积水区常年水位以下的土地 43 水库、坑塘:指人工修建的蓄水区常年水位以下的土地 44 冰川和永久积雪区:指常年被冰川和积雪覆盖的土地 45 滩涂:指沿海大潮高潮位与低潮位之间的潮浸地带 46 滩地:指河、湖水域平水期水位与洪水期水位之间的土地

续表

一级分类	二级分类	
5 建设用地 指城乡居民点及其以外的工矿、交通等用地	51	城镇用地：指大城市、中等城市、小城市及县镇以上的建成区用地
	52	农村居民点用地：指镇以下的居民点用地
	53	工交建设用地：指独立于各级居民点以外的厂矿、大型工业区、油田、盐场、采石场等用地，以及交通道路、机场、码头及特殊用地
6 未利用土地 目前还未利用的土地，包括难利用的土地	61	沙地：指地表为沙覆盖、植被覆盖度在5%以下的土地，包括沙漠，不包括水系中的沙滩
	62	戈壁：指地表以碎石为主、植被覆盖度在5%以下的土地
	63	盐碱地：地表盐碱聚集、植被稀少，只能生长强耐盐碱植物的土地
	64	沼泽地：指地势平坦低洼、排水不畅、长期潮湿、季节性积水或常年积水，表层生长湿生植物的土地
	65	裸土地：指地表土质覆盖、植被覆盖度在5%以下的土地
	66	裸岩石砾地：指地表为岩石或石砾，其覆盖面积>50%的土地

3.2 数据库的建立和控制

3.2.1 土地利用数据处理

以重庆市1986年、1995年、2000年与2007年土地利用现状数据(Covege格式)为基础。利用ArcGIS 9.3对数据格式进行转化，统一成Shapefile格式，统一数据投影系统。将原始数据的22种土地利用类型，按1级分类标准，合并成6大类(包括耕地、林地、草地、水体、建设用地和未利用地)。利用三峡库区(重庆段)以及江津区、忠县、巫溪县和奉节县的边界矢量文件，在ArcGIS 9.3中，对数据进行切割，得到研究区1986年、1995年、2000年与

2007年4期土地利用数据(彩图22至彩图25)。在景观格局指数计算时,将矢量数据转换成栅格数据(Grid)。

3.2.2 遥感影像处理

2007年遥感信息源为中巴资源卫星数据,分辨率为20 m×20 m。2000年遥感监测的信息源为美国Landsat ETM+影像,分辨率为15 m×15 m。1990年遥感信息源为美国Landsat TM 5影像,分辨率为30 m×30 m。为了更真实地突出地表土地覆被特征,选择3、2、1波段进行真彩色合成。对遥感影像纠正,以现有精校正过的影像为参考,在ERDAS 9.1软件的Raster工具栏下的Geometric Correction进行几何校正。以区县行政边界作为Mask,在ERADS 9.1中进行切割,得到区县不同时期的影像,在ArcGIS 9.3中成图。具体流程见图3-2。

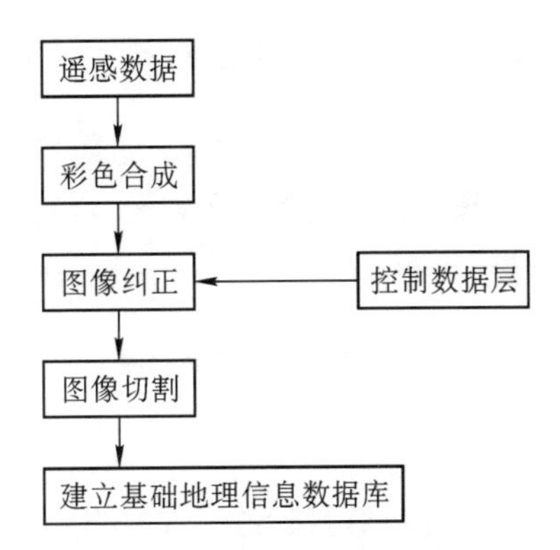

图3-2 遥感影像数据处理流程

3.2.3 数字地形数据

以1∶100 000等高线数据为地形图分幅数据,格式为Arc/Info Coverage。首先利用AML批处理命令将其转换成Albers投影,然后将单图幅拼成整幅,再利用ArcGIS 9.3的空间分析模块将其转成TIN,将TIN转换成DEM栅格图,栅格值为100 m×100 m。利用ArcGIS 9.3中的空间分析模块,进行Slope分析,生成坡度栅格图,栅格大小为100 m×100 m。通过3D分析模块生成山体阴影,结合DEM数据和坡度数据生成相应的晕渲效果图(彩图5)。

3.2.4 地貌、地质、水系和交通数据

以2006年由重庆市规划局组织实施，重庆市勘测院完成的《重庆市地图集》里提供的地貌图、地质图、水系图和交通图为基础数据，首先进行扫描、由纸质文档转换成电子文本，然后进行配准、数字化，得到研究区地貌、地质、水系分布和交通现状矢量数据(彩图1至彩图3)。

3.2.5 土壤类型数据

以重庆市土壤类型图为基础数据，进行扫描、同研究区土地利用数据进行配准、数字化、切割，最终得到研究区土壤类型矢量数据(彩图4)。

3.2.6 社会经济数据

主要经济数据来自《四川省统计年鉴》(1990～1996年)和《重庆市统计年鉴》(1997～2009年)。统计研究区1994～2008年的年末耕地面积、总人口数、非农人口数、从业人员数、国民生产总值(GDP)、粮食产量、公路货运量、公路客运量、固定资产投资总额、社会消费总额、农林牧渔产值、工业产值等12项指标(附表1～4)。

参考文献

[1] 重庆市统计局. 重庆市统计年鉴. 北京:中国统计出版社，1997～2009.

[2] 刘殿伟. 过去50年三江平原土地利用/覆被变化的时空特征与环境效应. 吉林:吉林大学博士学位论文，2006.

[3] 四川省统计局. 四川省统计年鉴. 北京:中国统计出版社，1990～1996.

4

三峡库区(重庆段)土地利用/覆被现状与格局

4.1 土地利用/覆被现状的数量特征

4.1.1 土地利用/覆被现状概况

土地利用/覆被的结构可以反映区域土地资源的利用特点以及优劣势,合理的土地利用结构对当地农业的健康发展有重大影响,为当地的生态安全和粮食安全提供重要保证。

在GIS技术支持下,把2007年土地利用数据与研究区行政区划图相叠加(彩图25),分类统计各地区主要土地利用/覆被类型面积(表4-1)。从表4-1看出:三峡库区(重庆段)耕地面积有20 400.2 km²,占研究区总面积的44.18%;林地面积有18 736.7 km²,占全区面积的40.58%;草地面积有5 276.9 km²,占全区面积的11.43%。可见,三峡库区(重庆段)土地利用/覆被总体以耕地为主,其次是林地和草地。巫溪县与奉节县土地利用/覆被类型以林地为主,其次是耕地和草地。忠县的土地利用/覆被类型组成总体与三峡库区(重庆段)相同。江津区林地同耕地面积基本相同,是主要的土地利用/覆被类型,其次是草地,未见明显的未利用地分布。

表 4-1 2007 年研究区土地利用/覆被概况

区域	耕地		林地		草地	
	面积 (km²)	比例 (%)	面积 (km²)	比例 (%)	面积 (km²)	比例 (%)
三峡（重庆段）	20 400.20	44.18	18 736.70	40.58	5 276.90	11.43
江津区	1 519.40	47.45	1 530.60	47.80	11.20	0.35
忠县	1 229.70	56.55	724.40	33.31	132.00	6.07
巫溪县	1 104.70	27.47	2 359.30	58.67	519.90	12.93
奉节县	1 181.20	28.96	1 992.50	48.85	822.00	20.15

区域	水体		建设用地		未利用地	
	面积 (km²)	比例 (%)	面积 (km²)	比例 (%)	面积 (km²)	比例 (%)
三峡（重庆段）	948.30	2.05	808.30	1.75	2.30	0.00
江津区	97.60	3.05	43.40	1.36		
忠县	76.40	3.51	12.10	0.56		
巫溪县	24.50	0.61	12.80	0.32	2.90	0.07
奉节县	64.10	1.57	18.60	0.46	0.25	0.01

4.1.2 主要土地利用/覆被类型现状概况

三峡库区(重庆段)土地利用类型总体上以农业和林业为主，但在具体区县分布有差异。由表 4-2 看出:耕地主要由水田和旱地组成，旱地比例远高于水田，旱地是研究区内主要耕地类型。江津区、忠县、巫溪县和奉节县 4 个区县内的旱地比例都高于整个研究区。其中巫溪县旱地比例最高，达到 97.45%，水田在区域内分布最少。

表 4－2　2007 年研究区耕地组成概况

区域	水田		旱地	
	面积(km^2)	比例(%)	面积(km^2)	比例(%)
三峡(重庆段)	5 823.80	28.55	14 576.30	71.45
江津区	416.10	27.39	1 103.30	72.61
忠县	301.20	24.49	928.60	75.51
巫溪县	28.20	2.55	1 076.60	97.45
奉节县	173.90	13.57	1 107.30	86.43

表 4－3 为 2007 年研究区的林地主要构成,从中看出:三峡库区(重庆段)有林地所占比例最高(39.72%),其次是疏林地(34.25%)和灌木林地(23.65%),其他林地(2.38%)最低。4 个典型区县中,因地理位置与经济发展不同,林地组分比例也不相同。江津区内有林地比例同三峡库区(重庆段)的有林地比例相同;忠县的疏林地所占比例最高,占林地总面积的 76.17%,其次是有林地(16.87%)和灌木林地(4.55%);巫溪县有林地(50.52%)所占比例最高,其次为灌木林地(43.59%),疏林地比例较小,未见明显的其他林地分布;奉节县内林地组成比例同巫溪县相反,疏林地(48.40%)所占比例最大,其次是灌木林地(33.09%)和有林地(17.53%)。其他林地在江津区和忠县所占比例明显高于巫溪县和奉节县,表明在江津区和忠县境内有较多的果园、桑园、茶园、林园和苗圃等经济农业产业的分布。

表 4－3　2007 年研究区林地组成概况

区域	有林地		灌木林地	
	面积(km^2)	比例(%)	面积(km^2)	比例(%)
三峡(重庆段)	7 441.86	39.72	4 431.94	23.65
江津	623.73	40.75	308.34	20.15
忠县	122.22	16.87	32.93	4.55
巫溪县	1 191.98	50.52	1 028.45	43.59
奉节县	349.28	17.53	659.34	33.09

续表

区域	疏林地		其他林地	
	面积(km^2)	比例(%)	面积(km^2)	比例(%)
三峡(重庆段)	6 417.22	34.25	446.11	2.38
江津	559.04	36.53	39.44	2.58
忠县	551.73	76.17	17.50	2.42
巫溪县	138.16	5.86	0.75	0.03
奉节县	964.47	48.40	19.44	0.98

4.2 土地利用/覆被空间格局

4.2.1 土地利用/覆被空间组合特征

4.2.1.1 土地利用/覆被类型多样化分析

土地利用/覆被类型的总体特征结构和齐全程度同区域土地利用/覆被类型多样化程度联系紧密，本文引用吉布斯-马丁(Gibbs - Martin)多样性指数(张超等，1984)来度量三峡库区(重庆段)土地利用/覆被类型的多样化程度，具体模型为：

$$GM = 1 - \frac{\sum_{i=1}^{n} f_i^2}{(\sum_{i=1}^{n} f_i)^2}$$

式中，GM 为土地利用/覆被类型多样化指数；f_i 为第 i 种土地利用/覆被类型面积。GM 值在 0～1 间，趋于 1 则表示该地区土地利用/覆被类型多样化程度越高。如果该地只有 1 种土地利用/覆被类型，则多样化指数为 0；如果各种土地利用/覆被类型均匀地分布在某个区域，则该区域多样化指数为 1。一般 GM 值受到土地利用/覆被类型数目的影响，当有 n 种土地利用/覆被类型时，其最大值为$(n-1)/n$。

为了详细展现三峡库区(重庆段)土地利用/覆被类型的多样化程度及其在空间上的分布,本研究中采用 5 km×5 km 格网单元,分别计算各个单元内的土地利用/覆被类型多样化指数 *GM*,结果如彩图 26 所示。三峡库区(重庆段)地区土地利用/覆被类型多样化程度空间差别明显。三峡库区(重庆段)下游地区的土地利用/覆被类型多样化高于上游地区,下游大部分地区的土地利用/覆被类型多样化指数大于 0.5,这里土地利用/覆被类型丰富,林地、耕地和草地均匀地分布在这里,但其周边高海拔地区土地利用/覆被类型多样化较低,多为单一的林地分布。上游地区的涪陵区和武隆县部分区域土地利用/覆被类型多样化程度较高,从土地利用现状图中发现,相对于周边地区,这里有较均匀分布的林地、耕地和草地。

图 4-1 为三峡库区(重庆段)以及库区各区县土地利用/覆被类型多样化指数,如图所示,各个区县土地利用/覆被类型多样性差异明显。区县土地利用/覆被类型多样化程度都高于三峡库区(重庆段)(多样化指数为 0.375 9)。从空间位置来看,上游地区大

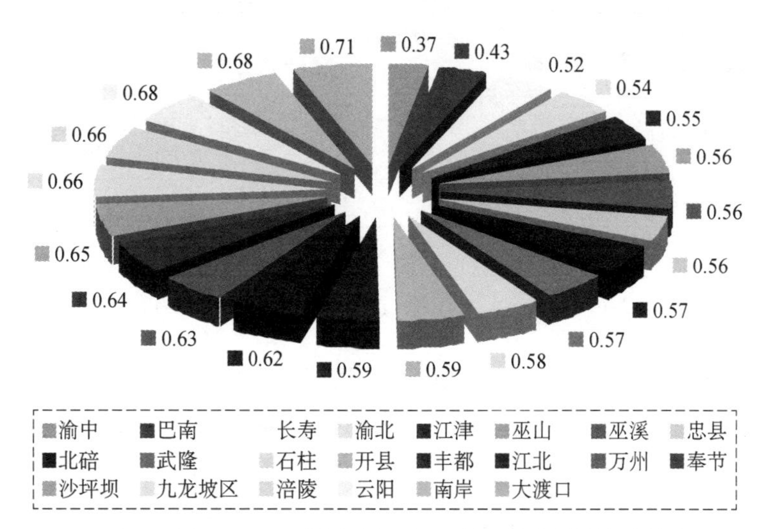

图 4-1 三峡库区(重庆段)各区县土地利用/覆被类型多样化比较

渡口区、南岸区、涪陵区、九龙坡区和沙坪坝区土地利用/覆被类型多样化程度较高；下游地区云阳县和奉节县土地利用/覆被类型多样化程度较高；中游地区万州区和丰都县土地利用/覆被类型多样化程度相对较高。在三峡库区(重庆段)范围内的22个区县内，渝中区的土地利用/覆被类型多样化程度最低，是重庆市的商业中心，城市化最为剧烈，区内主要土地利用/覆被类型为建设用地，有少量林地、水体和耕地，且分布极不均匀，导致该区土地利用/覆被类型多样化程度最低。

4.2.1.2 土地利用综合程度

土地系统是一个复杂的自然-社会综合体，在土地利用/覆被变化过程同时受到自然地理条件和区域人类活动的影响，通过借助土地利用程度可以指征土地系统中受到各类干扰的影响。为了更充分地利用RS和GIS技术来研究土地利用/覆被变化，刘纪远等提出了土地利用分级原则(表4-4)，并且给出了土地利用程度综合指数的定量化表达式(庄大方，1997)。

表4-4 土地利用程度分级赋值表

土地利用程度分级	未利用级	林、草、水域级	农业土地级	居工土地级
LUCC类型	未利用地、湿地	林地、草地、水体	耕地、园地、人工草地	城镇、农村工矿用地、交通用地
分级指数	1	2	3	4

$$L_a = 100 \times \sum_{i=1}^{n} A_i \times C_i,\ L_a \in [100,\ 400]$$

式中，L_a为土地利用程度综合指数，A_i为第i种土地利用程度的分级指数；C_i为第i种土地利用的百分比。

从公式看出，土地利用程度的综合指数范围在100～400。在各个基本栅格单元内，土地利用程度综合指数的大小代表区域内土地利用程度的高低。因此，任何地区的土地利用程度都可以通过计算其综合指数大小来反映。土地利用/覆被变化的驱动因素主要来源于自然和社会 2 个大的方面，通过土地利用程度综合指数，也能较好地体现这 2 方面对土地利用/覆被的影响。计算 5 km×5 km 格网单元内土地利用程度综合指数，并通过空间插值得到 *La* 的空间分布格局(彩图 27)。库区上游和库区中游的长江周边地区土地利用程度普遍偏高，土地利用程度综合指数一般都大于 250，局部地区在 300 以上；下游地区土地利用程度较低，土地利用程度综合指数在 250 以下。周边高海拔的山区的土地利用程度更低，土地利用程度综合指数一般在 13.82～180。需要指出的是，边界外端部分栅格未完全包含在研究区内，所以部分栅格值小于 100。

为了更好地对比研究区各区县的土地利用程度差异，分别计算三峡库区(重庆段)内各区县的土地利用程度综合指数，其空间分布如彩图 28 所示。对比彩图 28 与彩图 27 发现：各区县土地利用程度空间分布同三峡库区(重庆段)土地利用程度基本一致。库区上游的重庆主城九区与长寿区等地的土地利用程度较高；库区中游的忠县、万州区等地的土地利用程度相对较高；库区下游地区的巫山县、巫溪县和奉节县等地土地利用程度较低。

三峡库区(重庆段) 境内的 22 个区县土地利用程度等级依次为：巫溪县($L_a=228.10$) < 奉节县($L_a=230.00$) < 巫山县($L_a=230.55$) < 武隆县($L_a=238.89$) < 石柱县($L_a=239.18$) < 云阳县($L_a=240.01$) < 涪陵区($L_a=243.94$) < 丰都县($L_a=247.900$) < 江津区($L_a=250.16$) < 万州区($L_a=253.40$) < 开县($L_a=255.08$) < 忠县($L_a=257.67$) < 北碚区($L_a=269.14$) < 长寿区($L_a=270.84$) < 巴南区($L_a=273.58$) < 渝北区($L_a=279.76$) < 沙平坝区($L_a=287.57$) < 南岸区($L_a=288.51$) < 九龙坡区($L_a=292.97$) < 江北区($L_a=295.77$) < 大渡口区($L_a=297.38$) < 渝中区($L_a=359.95$)。对照研究区 DEM 图(彩图 5)，区县土地利用程度的空间分布与海拔的分布趋势基本一致：在三峡库区(重庆段)东部以及三峡库区(重庆段)东南部地势较高的地

区，土地利用程度较低，一般都小于 250；在三峡库区（重庆段）西部及三峡库区（重庆段）中部地势较低的地区，土地利用程度较高，一般都大于 250。我们认为，在三峡库区（重庆段）内海拔高度是影响土地利用程度的主要因素。

4.2.2 土地利用/覆被景观格局指数分析

为了全面地比较研究区及 4 个典型区县的景观格局分布，本文分别从景观破碎化程度、景观斑块形状、景观丰富程度、景观多样性以及景观均匀度出发，选用斑块密度（PD）、斑块分维数（$FRAC$）、景观丰富度（PR）、香农多样性指数（$SHDI$）和香农均匀度指数（$SHEI$）等景观格局指标进行分析。景观格局指标计算采用国际流行的 Fragstat 3.3。

具体公式组成及详细描述见表 4－5。

表 4－5　景观格局指数

景观指数	缩写	公式及其描述
景观丰富度	PR	$PR = \sum_{i=1}^{n}$ PR 为景观丰富度；N 为景观中类型数目
斑块密度	PD	$PD = \frac{N}{A}$ N 为斑块总数，A 为景观的总面积或研究范围的总面积
分维数	$FRAC$	$FRAC = \frac{2}{\frac{[n_i \sum_{j=1}^{n}(\ln p_{ij} \ln a_{ij})] - [(\sum_{j=1}^{n}\ln p_{ij})(\sum_{j=1}^{n}\ln a_{ij})]}{(n_i \sum_{j=1}^{n}\ln p_{ij}^2) - (\sum_{j=1}^{n}\ln p_{ij})}}$ 斑块分维数表明其自相似性，分维数越接近于 1，表明其自相似性越强

续表

景观指数	缩写	公式及其描述
香农多样性指数	*SHDI*	$SHDI = -\sum_{i=1}^{m}(p_i \ln p_i)$ P_i 为斑块 i 占景观的比例;m 为景观中出现斑块的数目
香农均匀度指数	*SHEI*	$SHEI = \frac{-\sum_{i=1}^{m}(p_i \times \ln p_i)}{\ln m}$ P_i 为斑块 i 占景观的比例;m 为景观中出现斑块的数目

从表 4-6 可看出三峡库区(重庆段)及 4 个典型区县景观格局分布情况。斑块密度一定程度上反映地区的景观破碎信息,忠县和奉节县斑块密度最高,景观破碎化最强;巫溪县和江津区斑块密度略低,景观破碎化程度居中,三峡库区(重庆段)斑块密度最低(0.185 1 个/hm^2),景观破碎化程度最低;奉节县、巫溪县以及三峡库区(重庆段)景观类型有 6 种,景观丰富程度稍高于江津区和忠县;分维数可以指征斑块形状,巫溪县和奉节县的斑块分维数高,境内斑块形状较复杂,且不规则,忠县和江津区斑块分维数较低,境内斑块形状简单,较规则,三峡库区(重庆段)斑块分维数为1.111 5,居中等。整体上,分维数值差别不大,区域间斑块形状差别并不显著;从多样性和均匀度来看,三峡库区(重庆段)的多样性更高,景观分布更均匀,奉节县多样性和均匀度最高,江津区最低。通过香农多样性指数和香农均匀度指数看出,三峡库区(重庆段)的景观异质性最高,景观更稳定,4 个典型区县中,奉节县景观异质性更高,景观稳定性更高,抗干扰能力更强,江津区景观异质性最低。

表 4-6 三峡库区(重庆段)土地利用/覆被景观格局分布

区域	斑块密度	景观丰富度	分维数	香农多样性指数	香农均匀度指数
三峡库区(重庆段)	0.185 1	6	1.111 5	1.125 9	0.628 4
江津区	0.360 5	5	1.092 8	0.891 1	0.553 7
忠县	0.458 2	5	1.100 0	1.005 1	0.624 5
巫溪县	0.395 4	6	1.123 6	0.982 3	0.548 2
奉节县	0.416 7	6	1.118 8	1.122 1	0.626 2

4.3 小结

(1) 三峡库区(重庆段)面积较大,区内地貌条件复杂,区域差异性较大。耕地和林地是主要土地利用/覆被类型,各区县内差别明显。巫溪县与奉节县以林地为主;忠县以耕地为主;江津区内林地和耕地是主要的土地利用类型。

(2) 研究区耕地主要由水田和旱地组成。三峡库区(重庆段)和 4 个典型区县的耕地组成都以旱地为主。林地组成中,江津区、巫溪县以及三峡库区(重庆段)境内以有林地为主;忠县和奉节县以疏林地为主;江津区和忠县境内经济林的分布较多。

(3) 三峡库区(重庆段)土地利用类型空间组合特征差别显著,从土地利用类型多样化程度来看,库区下游的土地利用类型多样化高于上游地区。区县土地利用程度空间分布上,大渡口区、南岸区、云阳县等地土地利用类型多样化程度较高,渝中区的土地利用类型多样化程度最低。从土地利用程度的空间分异来看,库区上游和中游长江周边地区土地利用程度普遍偏高,在下游地区土地利用程度稍低,周边高海拔的山区土地利用程度更低。

参考文献

[1] 张超,等.计量地理学导论.北京:高等教育出版社,1984.
[2] 庄大方,刘纪远.中国土地利用程度的区域分异模型研究.自然资源学报,1997,12(2):105-111.

5

三峡库区(重庆段)土地利用/覆被时空变化过程

5.1 土地利用/覆被时空变化特征

5.1.1 数量变化特征

土地利用/覆被动态变化首先表现在土地利用/覆被类型面积数量变化。同时,土地利用/覆被类型数量变化也是区域土地利用/覆被变化研究的主要内容之一。通过对比土地利用/覆被类型面积的数量变化,有助于我们了解区域土地利用/覆被的结构变化,预测未来的变化趋势。为方便表述,将研究时间分为2个时段:1986～1995年为前一时段,1995～2007年为后一时段。

通过对4期土地利用/覆被数据进行统计和对比分析,得到三峡库区(重庆段)土地利用/覆被变化的总体概况(表5-1)。20年以来,耕地变化趋势先增后减;前一时段,耕地增加248.72 km^2;后一时段,减少305.98 km^2。林地变化趋势与耕地相反,前一时段减少28.02 km^2,后一时段增加576.97 km^2。草地持续减少,前一时段减少242.99 km^2,后一时段减少1 026.21 km^2。水体持续增加,前一时段水体变化不大,后一时段增加263.64 km^2。研究期内,建设用地快速增加,其中后一时段城市用地增加 498.87 km²,表明后一阶段的快速城市化扩张。未利用地在后一时段减少 7.58 km²。综合来看,林地、水体和建设用地面积增加,耕地、草地和未利用地面积减少。

表 5-1 20 世纪 80 年代中期至 2007 年三峡库区(重庆段)土地利用/覆被概况

土地利用类型	80 年代中期		90 年代中期		2000 年	
	面积(km²)	比例(%)	面积(km²)	比例(%)	面积(km²)	比例(%)
耕地	20 457.46	44.31	20 706.18	44.84	20 710.49	44.85
林地	18 187.75	39.39	18 159.73	39.33	18 047.75	39.09
草地	6 546.10	14.18	6 303.11	13.65	6 294.59	13.63
水体	684.27	1.48	684.66	1.48	687.31	1.49
建设用地	287.53	0.62	309.43	0.67	422.98	0.92
未利用地	9.88	0.02	9.88	0.02	9.88	0.02

土地利用类型	2007 年		前一时段变化(km²)	后一时段变化(km²)
	面积(km²)	比例(%)		
耕地	20 253.17	43.86	248.72	−305.98
林地	18 889.46	40.91	−28.02	576.97
草地	5 276.43	11.43	−242.99	−1 026.21
水体	947.29	2.05	0.40	263.64
建设用地	803.88	1.74	21.90	498.87
未利用地	2.31	0.01	0.00	−7.58

注:前一时段是指 20 世纪 80 年代中期至 90 年代中期,后一时段则是 90 年代中期至 2007 年。

表 5-2 反映了江津区 20 年来的土地利用/覆被变化情况。水体和建设用地持续增加,林地和草地持续减少。耕地在前一时段增加,后一时段明显减少。各土地利用/覆被后一时段变化幅度明显高于前一时段,表明 20 世纪 90 年代中期以来,江津区内土地

利用/覆被发生显著变化。从数量上来看，林地和耕地变化最多。从比例来看，建设用地最为明显，20 世纪 80 年代中期，江津区建设用地为 18.53 km^2，2007 年建设用地为 38.95 km^2，增加了 1 倍多，体现该区强烈的城市化扩张。

表 5-2　20 世纪 80 年代中期至 2007 年江津区土地利用/覆被概况

土地利用类型	80 年代中期		90 年代中期		2000 年	
	面积（km^2）	比例（%）	面积（km^2）	比例（%）	面积（km^2）	比例（%）
耕地	1 447.13	45.19	1 454.19	45.41	1 448.63	45.24
林地	1 612.62	50.36	1 604.65	50.11	1 627.86	50.83
草地	33.60	1.05	30.75	0.96	11.78	0.37
水体	90.38	2.82	90.62	2.83	90.34	2.82
建设用地	18.53	0.58	22.05	0.69	23.66	0.74

土地利用类型	2007 年		前一时段变化（km^2）	后一时段变化（km^2）
	面积（km^2）	比例（%）		
耕地	1 372.30	42.86	7.06	−81.75
林地	1 683.27	52.57	−7.97	−74.05
草地	10.73	0.34	−2.86	−19.55
水体	96.65	3.02	0.24	6.98
建设用地	38.95	1.22	3.52	21.35

注：前一时段是指 20 世纪 80 年代中期至 90 年代中期，后一时段则是 90 年代中期至 2007 年。

表 5-3 反映了忠县的土地利用/覆被变化情况。两个时段土地利用/覆被类型变化趋势基本一致。耕地、草地和未利用地持续减少。林地、水体和建设用地则持续增加。从数量上看，耕地变化最多，其次为林地，建设用地和水体分别增加了 7.91 km^2 和 19.35 km^2。

表 5-3 20 世纪 80 年代中期至 2007 年忠县土地利用/覆被概况

土地利用类型	80 年代中期		90 年代中期		2000 年	
	面积(km²)	比例(%)	面积(km²)	比例(%)	面积(km²)	比例(%)
耕地	1 309.44	60.22	1 306.94	60.10	1 304.04	59.97
林地	669.39	30.78	671.69	30.89	670.10	30.82
草地	134.05	6.16	133.90	6.16	133.84	6.16
水体	57.05	2.62	57.05	2.62	57.05	2.62
建设用地	3.85	0.18	4.19	0.19	8.74	0.40
未利用地	0.75	0.03	0.75	0.03	0.75	0.03

土地利用类型	2007 年		前一时段变化(km²)	后一时段变化(km²)
	面积(km²)	比例(%)		
耕地	1 229.70	56.55	−2.49	−77.24
林地	724.40	33.31	2.30	52.71
草地	132.00	6.07	−0.14	−1.90
水体	76.40	3.51	0.00	19.35
建设用地	12.10	0.56	0.34	7.91
未利用地			0.00	−0.75

注:前一时段是指 20 世纪 80 年代中期至 90 年代中期,后一时段则是 90 年代中期至 2007 年。

表 5-4 为巫溪县土地利用/覆被变化情况。草地、水体和建设用地在两个时段内都持续增加。林地在前一时段增加,后一时段减少。未利用地在两个时段内都基本不变。

表 5-4 20 世纪 80 年代中期至 2007 年巫溪县土地利用/覆被概况

土地利用类型	80 年代中期		90 年代中期		2000 年	
	面积(km²)	比例(%)	面积(km²)	比例(%)	面积(km²)	比例(%)
耕地	1 119.80	27.84	1 109.16	27.58	1 108.49	27.56

续表

土地利用类型	80年代中期		90年代中期		2000年	
	面积(km^2)	比例(%)	面积(km^2)	比例(%)	面积(km^2)	比例(%)
林地	2 382.68	59.25	2 387.32	59.36	2 338.94	58.16
草地	506.27	12.59	511.58	12.72	560.59	13.94
水体	11.06	0.27	11.06	0.27	11.06	0.27
建设用地	1.49	0.04	2.18	0.05	2.22	0.06
未利用地	0.29	0.01	0.29	0.01	0.29	0.01

土地利用类型	2007年		前一时段变化(km^2)	后一时段变化(km^2)
	面积(km^2)	比例(%)		
耕地	1 104.70	27.47	−10.64	−4.46
林地	2 359.30	58.67	4.64	−28.02
草地	519.90	12.93	5.32	8.32
水体	24.50	0.61	0.00	13.44
建设用地	12.80	0.32	0.68	10.62
未利用地	0.29	0.01	0.00	0.00

注:前一时段是指20世纪80年代中期至90年代中期,后一时段则是90年代中期至2007年。

表5-5为奉节县土地利用/覆被变化概况。耕地在两个时段内都少量减少。林地在前一时段增加,后一时段减少。草地变化与林地相反,前一时段减少,后一时段增加。水体和建设用地则持续增加。

表5-5 20世纪80年代中期至2007年奉节县土地利用/覆被概况

土地利用类型	80年代中期		90年代中期		2000年	
	面积(km^2)	比例(%)	面积(km^2)	比例(%)	面积(km^2)	比例(%)
耕地	1 196.24	29.33	1 190.75	29.19	1 191.08	29.20

续表

土地利用类型	80年代中期 面积(km²)	80年代中期 比例(%)	90年代中期 面积(km²)	90年代中期 比例(%)	2000年 面积(km²)	2000年 比例(%)
林地	2 004.40	49.14	2 033.54	49.86	2 001.02	49.06
草地	839.76	20.59	813.46	19.94	844.58	20.71
水体	29.42	0.72	29.42	0.72	29.42	0.72
建设用地	7.92	0.19	10.58	0.26	11.65	0.29
未利用地	0.99	0.02	0.99	0.02	0.99	0.02

土地利用类型	2007年 面积(km²)	2007年 比例(%)	前一时段变化(km²)	后一时段变化(km²)
耕地	1 181.20	28.96	−5.49	−9.55
林地	1 992.50	48.85	29.13	−41.04
草地	822.00	20.15	−26.29	8.54
水体	64.10	1.57	0.00	34.68
建设用地	18.60	0.46	2.66	8.02
未利用地	0.25	0.01	0.00	−0.74

注:前一时段是指20世纪80年代中期至90年代中期,后一时段则是90年代中期至2007年。

对照研究区4个典型区县的土地利用/覆被变化情况可得如下结论。后一时段的土地利用/覆被变化强度明显高于前一时段,表明20世纪90年代中期以来,各区县的土地利用/覆被变化明显增强。整体上,耕地、林地变化数量较大,但在具体区县变化趋势有差异。建设用地变化趋势一致,4个区县建设用地在后一时段增加剧烈,增幅达50%以上,表明各区县在这一时期都经历着较快的城市化。各区县水体面积保持增加,其中奉节县增加最多,其次是忠县和巫溪县,江津区内水体变化最小。从侧面反映出三峡工程对不同区域的水体影响,奉节县在三峡库区(重庆段)的下游,所受影响最大;忠县居中游,水体面积受三峡工程影响次之;巫溪县虽然与奉节县所处位置相同，但长江并未从其境内直接通过，其水体面积增加小于忠县。江津区位于三峡库区（重庆段）上游，其水体面积变化受三峡工程影响最小，水体变化量最低。

5.1.2 土地利用/覆被类型间转换特征

除了土地利用/覆被类型在数量上的变化外，土地利用/覆被变化还表现在土地利用/覆被类型间的相互转换（王思远等，2001）。以 1986 年和 2007 年 2 期土地利用数据为基础，借助 ArcView GIS 3.2a 中的 Tabulate Areas 工具，分别得到三峡库区（重庆段）以及 4 个典型区县 1986～2007 年的土地利用/覆被类型转移矩阵。通过土地利用/覆被类型间的转移矩阵，可以反映各土地利用类型在研究期内的动态转换情况。

表 5-6 为三峡库区（重庆段）1986～2007 年的土地利用/覆被类型转换情况。20 年来，研究区的土地利用/覆被类型间的转换频繁。从发生转换数量上来看，面积最大的是耕地与林地、耕地与草地间的转换，其中有 2 588.59 km^2 的林地转换为耕地，同时有 2 656.06 km^2 的耕地转换为林地，耕地与林地间相互转换的类型面积相当。有 1 463.97 km^2 的草地转换为耕地，同时 1 051.39 km^2 耕地转变为草地。耕地与水体和建设用地的转换也较多，耕地与水体的转换表现出受三峡工程蓄水影响较大，海拔较低区域的耕地淹没后多转换为水体。耕地与建设用地的转换，主要表现为建设用地占用耕地而扩大，有 474.15 km^2 的耕地转换为建设用地。

彩图 29 反映了三峡库区（重庆段）土地利用/覆被类型转换在空间上分异情况。从图中看出研究区的局部地区的土地利用/覆被类型转换明显。

（1）重庆市主城区及其周边的耕地、建设用地、林地转换区。包括重庆市主城 9 区以及周边江津区的一部分，本区是三峡库区（重庆段）内经济和政治中心，区域内城市化的强度和速率都最大，本区的土地利用/覆被类型变化总体趋势以耕地向建设用地转换

表 5-6 三峡库区(重庆段)土地利用/覆被类型转移矩阵 (km²)

		2007 年						
		耕地	林地	草地	水体	建设用地	未利用地	合计
1986 年	耕地	16 076.72	2 656.05	1 051.39	199.01	474.15	0.48	20 457.79
	林地	2 588.59	14 791.62	607.74	110.65	88.79	0.13	18 187.52
	草地	1 463.97	1 383.04	3 607.72	67.67	23.34	0.04	6 545.79
	水体	74.07	37.87	7.63	554.03	10.66	0.00	684.26
	建设用地	46.15	20.13	1.62	13.09	206.46	0.01	287.46
	未利用地	3.48	1.25	0.16	2.91	0.43	1.64	9.87
	合计	20 252.98	18 889.96	5 276.25	947.35	803.83	2.31	46 172.68

为主，在缙云山及中梁山周边地区有退耕还林的情况出现。

(2) 长寿区及渝北区等地区的耕地、草地转换区。该区位于长寿区、涪陵区及渝北区的周边地区，属于退耕地还草与城市扩张交错区，区域的面积相对较小。该区土地利用/覆被变化总体趋势以耕地向草地转变为主。同时，这里也是研究区内经济发展较快的地区，靠近重庆市的经济核心区，相对城市化发展较快，在涪陵区内有较明显的耕地向建设用地转化。

(3) 武隆县、石柱县及库区下游的草地、林地转换区。该区广泛分布在武隆县、石柱县以及库区下游地区的云阳县、奉节县和巫山县等地区。区域土地利用/覆被变化主要趋势为草地向林地转换，表现为典型的草地植树造林区。

(4) 开县等地区的草地、耕地转换区。该区主要位于开县境内，地处三峡库区(重庆段)的北部。区域的土地利用/覆被变化总体趋势以草地向耕地转变为主。这体现了研究期内进行的开垦草地等人为活动，开垦的草地主要转变为旱地，在后一时段内表现更为显著。

(5) 巫溪县、奉节县和云阳县地区林地、草地转换区。该区分布在三峡库区(重庆段)下游的巫溪县、奉节县和云阳县境内，土地利用/覆被类型变化总体趋势为林地向草地转换，表现为林地被破坏，转换为草地或迹地型。

表 5-7 为奉节县的土地利用/覆被类型转换情况。耕地、林地和草地间转变数量最大，有 195.82 km^2 耕地转变为林地，同时 207.62 km^2 林地转变为耕地。151.80 km^2 林地转变为草地，175.52 km^2 草地转变成林地，草地与林地类型间转变面积相当。水体的增加主要来自于林地的转入，有 19.83 km^2 林地转变为水体。建设用地大面积增加主要来自耕地和林地的转入。奉节县的土地利用/覆被类型转变最明显的区域分布在长江两边，其中长江以北主要表现为林地转变为草地，长江以南为草地转变为林地，耕地转变为建设用地较明显。

表 5-7 奉节县土地利用/覆被类型转移矩阵 (km²)

		2007 年						
		耕地	林地	草地	水体	建设用地	未利用地	合计
1986 年	耕地	897.50	195.82	85.78	8.86	7.67	0.03	1 195.67
	林地	207.62	1 616.36	151.80	19.83	8.25	0.03	2 003.90
	草地	70.88	175.52	583.93	8.14	0.89	0.00	839.37
	水体	0.75	2.03	0.18	26.43	0.04	0.00	29.42
	建设用地	3.63	1.77	0.17	0.59	1.75	0.00	7.92
	未利用地	0.45	0.15	0.05	0.16	0.00	0.19	0.99
	合计	1 180.84	1 991.66	821.91	64.02	18.60	0.25	4 077.27

表5－8为江津区内土地利用/覆被类型转换情况。1986～2007年，区内主要土地利用/覆被类型有5种。其中耕地、林地和草地的转变数量最大，有249.38 km² 耕地转变成林地，同时189.46 km²的林地转变成耕地，草地较多转变成耕地和林地。有18.06 km² 的水体转变为耕地和林地。建设用地的增加主要来自耕地和林地的转入，其中18.70 km²耕地转变成建设用地，8.71 km² 林地转变成建设用地。江津区土地利用/覆被类型间转变的空间分布特征如下。林地转变成耕地集中在两个区域内，一部分在江津区内缙云山脉以东、长江以北的区域；另一部分在江津区内长江以南、四面山以北的区域。耕地转变为林地零散分布在江津区内；长江沿岸江津市区、顺江镇、珞璜镇以及双溪镇周边存在明显的耕地转变为建设用地。

表5－8　江津区土地利用/覆被类型转移矩阵　（km²）

		2007年					
		耕地	林地	草地	水体	建设用地	合计
1986年	耕地	1 162.94	249.38	2.81	12.86	18.70	1 446.70
	林地	189.46	1 401.88	1.51	11.12	8.71	1 612.67
	草地	6.20	19.83	6.07	1.25	0.23	33.59
	水体	9.74	8.32	0.32	69.93	2.13	90.44
	建设用地	4.10	3.77	0.00	1.48	9.17	18.51
	合计	1 372.44	1 683.18	10.71	96.64	38.95	3 201.91

表5－9为巫溪县土地利用/覆被转换情况。1986～2007年分别有268.34 km² 和46.07 km² 耕地转变成林地和草地，有245.47 km²林地60.94 km² 草地补充到耕地，总体耕地面积略微增加。林地面积减少了23.52 km²。有150.17 km² 草地转出为其他土地利用类型，同时又有164.14 km² 的其他地类转入为草地，整体上草地面积增加了27.9 km²。2007年水体面积比1986年增加1倍多，主要来自林地和耕地的转入。由于耕地和林地的大面

表 5-9 巫溪县县土地利用/覆被类型转移矩阵 (km²)

		2007 年						
		耕地	林地	草地	水体	建设用地	未利用地	合计
1986 年	耕地	795.20	268.34	46.07	4.39	5.64	0.03	1 119.68
	林地	245.47	2 001.53	117.56	14.90	3.42	0.00	2 382.88
	草地	60.94	84.31	355.96	2.21	2.67	0.04	506.14
	水体	2.52	5.10	0.34	2.92	0.21	0.00	11.09
	建设用地	0.45	0.06	0.13	0.03	0.82	0.00	1.49
	未利用地	0.03	0.01	0.04	0.00	0.00	0.22	0.29
	合计	1 104.62	2 359.36	520.09	24.45	12.75	0.29	4 021.57

积转入，2007 年建设面积增加了 24.9 km²，是 1986 年的 1.35 倍。从土地利用/覆被变化的空间分布上看，林地转变为草地集中在巫溪县西北部和东部，耕地转变为林地广泛分布，北部更明显；草地转变为林地在北部和中部有分布；其他类型间转变面积较小，分布较分散，在空间上并不明显。

表 5 - 10 为 1986～2007 年忠县土地利用/覆被类型转换情况。整体以耕地、林地和草地变化为主。分别有 154.42 km² 和 27.42 km² 的耕地转变成林地和草地，有 99.43 km² 的林地和 21.94 km²的草地转变成耕地，总体耕地面积变化不大。林地面积增加 55.13 km²。草地面积略微降低。由于耕地、林地的转入使得研究期内忠县水体面积增加。有 7.9 km² 的耕地和 1.61 km² 的林地转变成建设用地，2007 年忠县建设用地面积比 1986 年增加了近 2 倍。土地利用/覆被类型转换的空间分布如下。耕地转变成林地分布较广，其中在忠县东北部有集中分布，在忠县北部和南部明显分布着耕地转变成草地；忠县中部、长江西岸有一处明显的草地转变为林地区域；县城周边有明显的耕地向建设用地转变；耕地转变成水体主要分布在长江及支流两边，可以直接反映出三峡工程蓄水对其影响。

表 5 - 10　忠县土地利用/覆被类型转移矩阵　（km²）

		2007 年					
		耕地	林地	草地	水体	建设用地	合计
1986 年	耕地	1 105.52	154.42	27.42	14.18	7.91	1 309.45
	林地	99.43	556.74	7.09	4.40	1.61	669.27
	草地	21.94	12.19	97.09	2.35	0.56	134.13
	水体	1.59	0.86	0.24	54.35	0.00	57.05
	建设用地	1.24	0.20	0.00	0.36	2.07	3.85
	未利用地	0.00	0.00	0.00	0.76	0.00	0.76
	合计	1 229.72	724.40	131.84	76.39	12.15	2 174.50

5.2 土地利用/覆被变化空间格局分析

5.2.1 土地利用/覆被类型相对变化空间差异

土地利用/覆被类型相对变化率可以表现土地利用/覆被变化的空间差异,具体土地利用/覆被类型相对变化率公式表达式如下(朱会义等,2001)。

$$R=\frac{|S_b-S_a|\times C_a}{S_a\times|C_b-C_a|}$$

如果一个网格在研究初期没有某种土地利用/覆被类型,而在研究末期出现了该种土地利用覆被类型,则采用下列公式近似表示。

$$R=\frac{|S_b-S_a|\times C_a}{|C_b-C_a|}$$

式中,R 表示网格中某一土地利用/覆被类型的相对变化率;S_a 和 S_b 表示该区这种土地利用/覆被类型研究初期和研究末期的面积;C_a 和 C_b 为全区的该土地利用/覆被类型研究初期和研究末期面积。当 $R>1$,表明该小区土地利用/覆被变化幅度大于整个研究区,当 $R<1$,则表示该小区土地利用/覆被变化幅度小于全区变化。本研究采用 5 km×5 km 栅格单元作为基本区域,研究初期为 1986 年,末期为 2007 年。分别计算各个栅格单元土地利用/覆被类型相对变化率,详细对比三峡库区(重庆段)土地利用/覆被变化的空间差异。

20 年来,三峡库区(重庆段)的耕地、林地、草地、水体、建设用地和未利用地相对变化率如图 5-1 所示。从各土地利用/覆被类型相对变化率来看,耕地、林地和草地要高于其他类型,而建设用地和水体的高相对变化率栅格分布更为集中,未利用地相对变化率较低。从空间分布来看,耕地相对变化率较高的区域多分布在

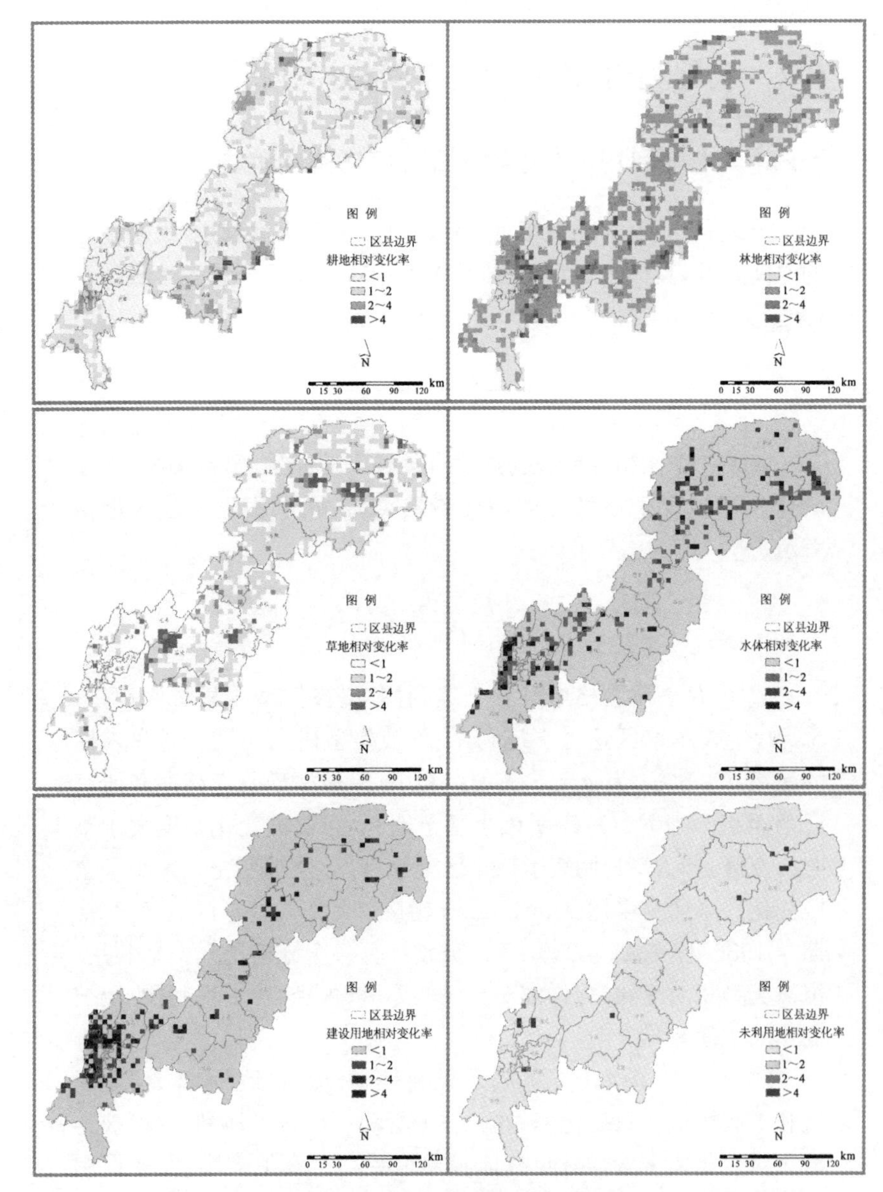

图 5－1　三峡库区(重庆段)土地利用/覆被类型相对变化率

研究区周边地区,如北部的开县、南部的武隆县、东部的巫山县及江津区。库区上游的重庆市主城9区的林地相对变化率较高,库区中游的涪陵区和丰都县的林地相对变化率较高,库区下游的开县、云阳县、奉节县和巫山县都有高相对变化率栅格分布。库区下游的巫溪县森林资源丰富,但其林地相对变化率却较低;草地相对变化率较高的栅格在研究区中游以及下游广泛分布,其中 $R>2$ 的相对变化率栅格集中在丰都县和武隆县交界地区和库区下游开县、巫山县和巫溪县等地周边地区。水体相对变化率较高的区域较集中,库区上游地区多分布在重庆市主城区内,下游地区则主要集中在长江周边地区,直接表明了三峡大坝蓄水对水体的影响。同时,水体相对变化率较高的栅格在长寿区和开县也有较多分布,表明这些地区水体变化较大,水利活动较多;建设用地的相对变化率空间分布可以反映城市化的区域差异,建设用地高相对变化率栅格分布在库区上游的重庆市主城区与江津区的东部,表明这里是高速城市化的区域。下游的建设用地高相对变化率的栅格数量较少,少数高相对变化率的栅格集中在长江沿岸;未利用地相对变化率整体都较低,少数几个相对变化率较高的栅格分布在库区上游的主城区与下游的巫山县、巫溪县和奉节县的交界区。

5.2.2 土地利用/覆被类型综合动态空间差异

我们借助综合土地利用动态度模型来研究区域土地利用整体上的动态变化。综合土地利用动态度具体公式为:

$$LC = \frac{\sum_{i=1}^{n} \Delta LU_{i-j}}{2\sum_{i=1}^{n} LU_i} \times \frac{1}{T} \times 100\%$$

式中,LC 为研究时段内综合土地利用动态度;LU_i 为研究期初 i 类土地利用类型面积;LU_{i-j} 为研究期内 i 类土地利用类型转为非 i 类(j 类)土地利用类型的面积;T 为研究时段,当用年表示时,模型结果则为该区域此时段内土地利用的年综合变化率。

三峡库区(重庆段)土地利用的年综合变化率为 0.564%,奉节县土地利用的年综合变化率为 0.56%,巫溪县土地利用年综合变化率为 0.51%,忠县土地利用年综合变化率为 0.39%,江津区土地利用的年综合变化率为 0.41%。库区下游的奉节县和巫溪县土地利用年综合变化率较高,接近整个研究区的水平,而库区中游的忠县和库区上游的江津区的土地利用年综合变化率较低。为了更详细地对比研究区土地利用年综合变化率的空间分异,以 5 km×5 km 栅格单元作为分析区域,分别计算 1986~2007 年来各个栅格单元内的土地利用年综合变化率,对比三峡库区(重庆段)土地利用年综合变化率在空间分布的差异。从彩图 30 看出,库区下游的开县、云阳县和奉节县土地利用综合年变化率较高;库区上游的重庆市主城区是变化速率较高的区域;近中游的涪陵区、丰都县、武隆县及石柱县部分土地利用年综合变化率明显高于周边区域。

5.2.3 基于卫星影像的典型区县土地利用/覆被变化分析

我们对三峡库区(重庆段)以及 4 个典型区县(江津区、忠县、巫溪县和奉节县)的土地利用/覆被空间格局进行了讨论,对土地利用/覆被类型动态变化进行了对比,由于各地区的自然条件、经济和人口等条件的差异较大,区域土地利用/覆被类型动态变化也不尽相同。就本研究 4 个区县而言,江津区代表了开发较早,经济发展较快,侵蚀剥蚀丘陵和侵蚀剥蚀台地地貌类型部位的土地景观变化特征;忠县代表了在库区中游地区,经济发展相对较快,侵蚀剥蚀低山和褶皱抬升低山为主的地貌部位的土地景观变化;奉节县和巫溪县则代表了研究区下游,经济发展相对较慢,褶皱抬升中山和喀斯特中山为主的山地土地景观变化。前面的分析主要建立在解译的遥感数据(土地利用矢量数据)基础上,对各个时段的土地景观的原始情况并不清楚。通过选用一些典型地段不同时期的遥感影像数据,能更直观地了解三峡库区(重庆段)不同地貌、植被覆盖区在不同时期的动态变化过程。结合现有影像数据,我们选用4个典型区县3个时期的影像进行对比,1990年影像来自Landsat TM 5,2000年影像来自Landsat ETM+,2007年影像来自中巴资源卫星。所有数据在ERDAS 9.1软件中利用3、2、1波段进行真彩色合成,几何校正后,通过ArcGIS 9.3出图。

彩图31为奉节县境内森林景观变化过程。1990年,在图的右边有一片岛状的森林景观林分布,但在其内部较为破碎,在影像上色彩呈浅绿色,森林覆盖度较低,同时在右上角也有小片森林景观分布,其他地方多为耕地景观和灌草丛景观,两条河流从中经过,给区域提供较好的水源补给,整体上以自然景观占主要地位。2000年,图中右边的岛状森林景观内部破碎程度减轻,景观连接度相对较高,同时影像的色彩呈绿色,表明森林覆盖度有所增加。图中右上角的小片森林景观出现类似的变化。2007年,图中右边的岛状森林景观及右上方的小块森林景观在影像上的色彩由绿色变成墨绿色,森林覆盖度进一步增加。地区主要以自然景观为主,受人为干扰程度相对较低,森林景观从1990～2007年逐渐增加,可以说明其正处在一个正常的演替过程中。

彩图32为巫溪县内耕地景观与草地景观相互转换的过程。1990年,A处为耕地与草地的混合景观,B1与B2为森林景观内部的两块耕地景观,图的上部C部分为大片的耕地和草地混合景观。2000年,A处以耕地与草地混合景观逐渐演变成耕地为主的景观,B1与B2两块耕地为主的景观中有草地景观的侵入,C部分的大面积耕地与草地混合景观中草地面积有所增加。2007年,A处的耕地景观进一步加强,B1与B2原来以耕地占优势的景观逐渐演化成草地景观,C部分的耕地与草地混合景观中草地已占优势地位。A处景观的变化反映了人们开垦草地为耕地的过程,表明此处受人为活动影响相对较强,B1、B2与C处景观变化是一个明显的退耕还草过程。

彩图33是忠县县城的扩张过程。1988年,忠县的县城(建设用地)主要分布在长江的北岸,而且面积相对较小,在长江南岸几乎未见明显的建设用地分布,此时的县城无论面积还是规模都较小。2000 年,位于长江北岸的忠县老县城面积进一步扩大,其扩张的方向主要沿着老县城北部,这里明显可见建成公路与在建工地等。长江以南,有一条明显的主要公路出现,除此外,未见其他明显的建设用地存在。此时,忠县县城的重心分布在长江以北的区域。2007 年,除在长江以北的城市用地持续增加外,在长江以南出现明显的建设用地,如已完工的工厂厂房等。同时在长江之上有公路桥出现,城市的重心慢慢向长江以南发展。彩图 33 展示了一个老城区的快速的城市扩张过程。

彩图 34 展示出在城市化大背景下,江津区内一个新的城镇如何从无到有的过程。1988 年,图中可见的基本上为农用地景观,其中主要为耕地,零星分布有水体、草地等地类,整体以农业景观为主。2001 年,在原来的农业景观大背景下,出现了明显的廊道(公路),将原来连续的农业景观在一定程度上进行分割,此时的景观仍然以农业景观占绝对优势地位。从 2001～2007 年的 6 年时间内,区域内出现成片分布的建设用地,同时在其周边有更明显的道路出现。由此可见,随着交通的快速发展,逐渐带动这个区域的城市发展,随着时间推移,在原来农业景观背景下,形成一个新的小城镇。

5.3　土地利用/覆被变化预测模拟

马尔科夫过程作为一种特殊的随机运动过程,它将研究目标视作一个相对独立的系统,这个运动系统在 T_0 时刻的状态和 T_{-1} 时刻的状态关联紧密。基于这个特点,通过马尔科夫过程对研究土地利用/覆被动态演变较为合适。因为,在一定条件下,土地利用的动态演变具有马尔科夫过程的性质。①一定空间范围里,各种土地利用类型由于不同的驱动因素影响,能够相互间发生转换。②各土地利用类型之间的相互转换过程相对较复杂,用一定函数关系很难对其进行准确的描述(李德成等,1995)。因此,在本小节,我们选用马尔科夫模型对三峡库区(重庆段)及其 4 个典型区县的土地利用/覆被变化趋势进行模拟。

5.3.1 转移概率矩阵的确定

通过马尔科夫模型模拟和预测三峡库区(重庆段)的土地利用/覆被变化趋势,首先要确定土地利用/覆被变化的初始转移概率矩阵。在本研究中,由于年间的转换动态并不很明显,为了更清晰地展示土地利用的动态变化,我们选择以 7 年(2000～2007 年)时间为一个矩阵步长,把土地利用动态变化分成了一系列离散过程。以 2000～2007 年各土地利用景观类型平均单位转换面积占原来该景观类型面积的百分比表示平均转移率。如首行作为耕地类型转移率,第二行为林地类型转移概率,依此类推,建立初始转移概率矩阵(表 5-11)。

数学表达式为:

$$P = \begin{vmatrix} P_{11} & P_{12} & \cdots & P_{1n} \\ P_{21} & P_{22} & \cdots & P_{2n} \\ \cdots & \cdots & \cdots & \cdots \\ P_{n1} & P_{n2} & \cdots & P_{nn} \end{vmatrix}$$

5.3.2 景观动态的模拟和预测

依据马尔科夫模型理论,我们可以通过已知的初始状态矩阵,来模拟出 2007 年后若干年后的各土地利用类型的面积(或者是该土地利用类型占原来总面积的百分比)。以每 7 年作为一个时间单位(步长),可以模拟出初始年后第 7 的倍数年份 ($2007+7\times n$, $n=1, 2, 3\cdots$) 的值。又根据公式:

$$P_{ij}^{(n)} = \sum_{k=0}^{n-1} P_{ik} P_{kj}^{(n-1)} = \sum_{k=0}^{n-1} P_{ik}^{(n-1)} P_{kj}$$

可以计算得到第 n 期的转移概率。在本研究中,以各土地利用类型面积百分比作为初始状态矩阵 A_0，具体以 2000 年的各景观类型占总面积的百分比来表示，由马尔科夫模型理论，有等式：$P^t = P \times P^{t-1}$ 。式中，P^t 为 t 时期的状态矩阵；P 为由 $t-1$ 期向 t 时期转化的转移概率；P^{t-1} 为 $t-1$ 时期的状态转移矩阵。

用初始状态矩阵(表 5-11)与第 $7n(n=1, 2, 3\cdots)$ 年的转移概率相乘，得到第 $7n$ 年末的状态矩阵。在本研究中可以算出第 $7n$ 年末的面积百分比。在实际中利用 C 语言编程得出未来若干年的景观类型所占面积百分比(表 5-12)。对于正则马尔科夫链模型，随着时间延续，最终会达到一个稳定状态(徐克学，2001)。即 $\lim Pr\ sn = a_s = 0, 1\cdots(n-1)$。又根据向量随机性条件 $1 = \sum_{s=0}^{n-1} a_s$，根据初始概率矩阵得到稳定时期的概率矩阵(宁龙梅等，2004)。再将初始状态矩阵与之结合，可以得到稳定状态(5584 年)下的状态矩阵面积百分比。

表 5-11　三峡库区(重庆段)初始状态转移概率矩阵

		2007 年					
		耕地	林地	草地	水体	建设用地	未利用地
2000 年	耕地	0.785 5	0.130 9	0.054 1	0.009 8	0.019 7	
	林地	0.141 7	0.823 4	0.025 2	0.005 8	0.003 9	
	草地	0.226 4	0.174 1	0.586 3	0.010 2	0.002 9	
	水体	0.108 8	0.054 2	0.011 2	0.809 5	0.015 6	
	建设用地	0.168 0	0.074 7	0.008 1	0.040 0	0.709 2	
	未利用地	0.352 9	0.126 4	0.016 0	0.294 5	0.043 9	0.166 0

表 5-12　三峡库区(重庆段)土地利用/覆被变化趋势　(km^2)

	2014 年	2028 年	2056 年	2112 年	…
耕地	11 725.04	9 877.38	8 760.63	8 492.87	…
林地	5 818.03	7 328.35	8 320.20	8 541.00	…
草地	1 893.19	1 867.93	1 733.06	1 673.70	…

续表

	2014 年	2028 年	2056 年	2112 年	…
水体	397.02	603.41	812.77	923.94	…
建设用地	566.27	721.56	769.29	758.18	…
未利用地	0.10	0.00	0.00	0.00	…
	2896 年	3792 年	4800 年	5500 年	5584 年
耕地	8 439.32	8 395.56	8 346.60	8 312.77	8 308.72
林地	8 502.81	8 458.72	8 409.39	8 375.30	8 371.22
草地	1 661.92	1 653.30	1 643.66	1 636.99	1 636.20
水体	940.29	935.42	929.96	926.19	925.74
建设用地	752.87	748.97	744.60	741.58	741.22
未利用地	0.00	0.00	0.00	0.00	0.00

从表 5-12 中看出三峡库区(重庆段)土地利用/覆被类型未来的变化趋势。耕地面积快速下降,林地面积增加。2112 年,耕地与林地面积相当,草地面积减少明显,建设用地和水体面积有一定增加,未利用地变化不大。2112 年后各土地利用/覆被类型变化不显著,到 5584 年,基本保持达到稳定状态。到达稳定状态时,三峡库区(重庆段)土地利用/覆被类型中,耕地与林地面积基本相同,是主要土地利用/覆被类型,其次是草地、水体和建设用地,未利用地的面积最小。

对三峡库区(重庆段)范围内 4 个典型区县土地利用/覆被动态进行预测,结果如表 5-13 至表 5-16。江津区(表 5-13)林地、水体和建设用地有所增加,耕地和草地则减少明显,当到达稳定时期(5584 年),江津区内各土地利用/覆被类型面积大小依次为:林地、耕地、水体、建设用地和草地,顺序与研究初期一致。奉节县(表 5-14)的耕地、林地和草地在模拟初期持续减少,水体面积增加明显,建设用地和未利用地面积较小,变化趋势不明显。当达到稳定时期,奉节县内各土地利用/覆被类型面积大小依次是:林地、耕地、草地、水体、建设用地和未利用地。巫溪县(表 5 - 15)的耕地、林地、水体和建设用地增加,未利用地减少,草地先减少后增加。模拟到 5584 年,各土地利用/覆被类型中,林地面积最大,其次是耕地、草地、水体和建设用地,未利用地面积最小。忠县(表 5 - 16)土地利用/覆被类型中,耕地和草地持续减少,水体有增加。林地和建设用地都表现出先增后降的趋势。2000～2007 年间,林地和建设用地的增加主要来自耕地和草地的转入,故在模拟初期面积有所增加,随着时间推移,耕地和草地面积减少明显,林地和建设用地的来源随之减少,同时二者还不断地向其他类型转出,导致以后林地和建设用地面积减少,从而出现一个波动,这也有别于其他 3 个典型区县的模拟结果。从表 5 - 16 看出,到模拟后期各土地利用/覆被类型面积基本不变,耕地面积最大,其次为林地、水体、草地和建设用地,对照 2000 年各类型面积顺序,草地下降至水体之后。

表 5 - 13　江津区土地利用/覆被类型变化趋势　(km^2)

	2014 年	2028 年	2056 年	2112 年	…
耕地	1 322.0	1 265.1	1 226.6	1 216.1	
林地	1 722.9	1 766.1	1 795.0	1 801.9	
草地	6.5	5.6	5.5	5.5	
水体	102.0	110.4	118.8	122.7	
建设用地	48.5	54.8	56.2	56.2	
	2896 年	**3792 年**	**4800 年**	**5500 年**	**5584 年**
耕地	1 216.9	1 218.4	1 220.1	1 221.3	1 221.5
林地	1 803.9	1 806.2	1 808.8	1 810.6	1 810.8
草地	5.5	5.5	5.5	5.5	5.5
水体	123.3	123.5	123.6	123.7	123.8
建设用地	56.3	56.4	56.5	56.5	56.5

表 5-14 奉节县土地利用/覆被类型变化趋势 (km²)

	2014 年	2028 年	2056 年	2112 年	…
耕地	1 174.06	1 162.29	1 142.45	1 119.46	…
林地	1 981.63	1 961.59	1 929.62	1 895.99	…
草地	805.55	783.57	759.98	739.88	…
水体	95.35	148.45	223.74	300.16	…
建设用地	20.50	21.06	20.87	20.58	…
未利用地	0.03	0.00	0.00	0.00	…
	2896 年	3792 年	4800 年	5500 年	5584 年
耕地	1 102.14	1 099.70	1 096.95	1 095.05	1 094.82
林地	1 871.04	1 866.89	1 862.23	1 859.00	1 858.62
草地	726.14	724.53	722.72	721.47	721.32
水体	348.48	347.71	346.84	346.24	346.17
建设用地	20.35	20.30	20.25	20.21	20.21
未利用地	0.00	0.00	0.00	0.00	0.00

表 5-15 巫溪县土地利用/覆被变化趋势 (km²)

	2014 年	2028 年	2056 年	2112 年	…
耕地	1 106.32	1 111.24	1 115.76	1 116.89	…
林地	2 378.26	2 406.77	2 436.43	2 452.44	…
草地	490.15	450.54	415.14	399.60	…
水体	28.44	30.25	30.71	30.81	…
建设用地	18.57	23.35	24.95	24.95	…
未利用地	0.05	0.05	0.04	0.04	…
	2896 年	3792 年	4800 年	5500 年	5584 年
耕地	1 123.43	1 131.03	1 139.64	1 145.65	1 146.37
林地	2 469.06	2 485.75	2 504.67	2 517.89	2 519.48
草地	399.92	402.63	405.69	407.83	408.09
水体	31.00	31.21	31.45	31.61	31.63
建设用地	25.07	25.24	25.43	25.57	25.58
未利用地	0.04	0.04	0.04	0.04	0.04

表 5-16　忠县土地利用/覆被变化趋势　(km²)

	2014 年	2028 年	2056 年	2112 年	…
耕地	1 175.93	1 107.04	1 042.52	994.52	…
林地	761.25	801.61	820.32	802.08	…
草地	129.45	124.82	118.23	112.39	…
水体	93.71	125.09	177.02	249.71	…
建设用地	14.17	15.95	16.41	15.80	…
未利用地	0.03	0.00	0.00	0.00	…
	2896 年	3792 年	4800 年	5500 年	5584 年
耕地	933.23	933.14	933.14	933.14	933.14
林地	749.85	749.77	749.77	749.77	749.77
草地	106.06	106.05	106.05	106.05	106.05
水体	370.69	370.86	370.86	370.86	370.86
建设用地	14.67	14.67	14.67	14.67	14.67
未利用地	0.00	0.00	0.00	0.00	0.00

5.4　主要土地利用/覆被类型动态变化

前面对三峡库区(重庆段)范围内各土地利用/覆被变化的总体特征进行分析,本节中对研究区 2 种主要土地利用/覆被类型耕地和林地的动态变化特征进行具体探讨。

5.4.1　耕地动态变化

三峡库区(重庆段)在过去近 20 年内,耕地发生了一定的变化,耕地面积由 1986 年的 20 457.46 km² 减少到 2007 年的20 400.2 km²,数量上变化并不大,但时间和空间上变化差异明显。研究耕地的时空变化可以反映耕地资源面积的时空变化,也可以通过垦殖指数来定量研究。垦殖指数是指耕地在一定区域面积上所占的比例,垦殖指数与其变化数学公式为:

$$I = \sum a_i / A \times 100, (\sum a_i \leqslant A)$$

式中，I 为研究单元内的垦殖指数；a_i 为研究单元内耕地所占的土地面积；A 为研究单元的总面积。根据垦殖指数定义，可以定义垦殖指数变化模型为：

$$\mathrm{d}I_{b-a}=\frac{\Delta I_{b-a}}{I_a}\times(1/t)\times100\%$$

式中，I_a，I_b 分别为 b 时间和 a 时间的分析单元垦殖指数；ΔI_{b-a} 为在时间段 a 和 b 之间的垦殖指数变化量；$\mathrm{d}I_{b-a}$ 为 t 时间内对应的垦殖指数变化率；t 为时间段 $b-a$。

5.4.1.1 三峡库区(重庆段)分析

为了更细致地描述三峡库区(重庆段)内垦殖指数的数量变化及其在空间上的分布差异，本研究中采用5 km×5 km的栅格作为基本单元，分别计算各个栅格单元内的垦殖指数变化量 ΔI_{b-a}，各个时段内的 ΔI_{b-a} 如图5-2所示。这里我们选用对20世纪80年代(1986年)、90年代(1995年)及2007年三个时期进行对比分析。图5-2中很直观地展现了从20世纪80年代至今，三峡库区(重庆段)在不同发展时期的耕地垦殖指数变化量的趋势与空间分布。1986～1995年期间，耕地的垦殖指数变化不大，只是在涪陵等地有较明显的增加，1995～2007年间，耕地的垦殖指数变化量明显增强，重庆市主城区及周边地区垦殖指数负增加，开县和武隆县等地耕地垦殖指数变化量正增加明显。

5.4.1.2 典型区县分析

对三峡库区(重庆段)的耕地垦殖指数进行分析统计表明，其垦殖指数的空间分布存在明显的空间分异特征。由于自然地理条件及社会经济发展的不同，必然会导致区域内不同空间的垦殖指数差异与时空变化不同。下面对三峡库区(重庆段)的4个典型区县的耕地垦殖指数变化进行对比，进一步说明垦殖指数的时空差别。

表5-17为4个典型区县垦殖指数的变化情况，从中看出奉节县、巫溪县和忠县的耕地垦殖指数一直呈负增长的趋势，江津区的耕地垦殖指数在研究的第一时段(1986～1995年)轻微增加，而

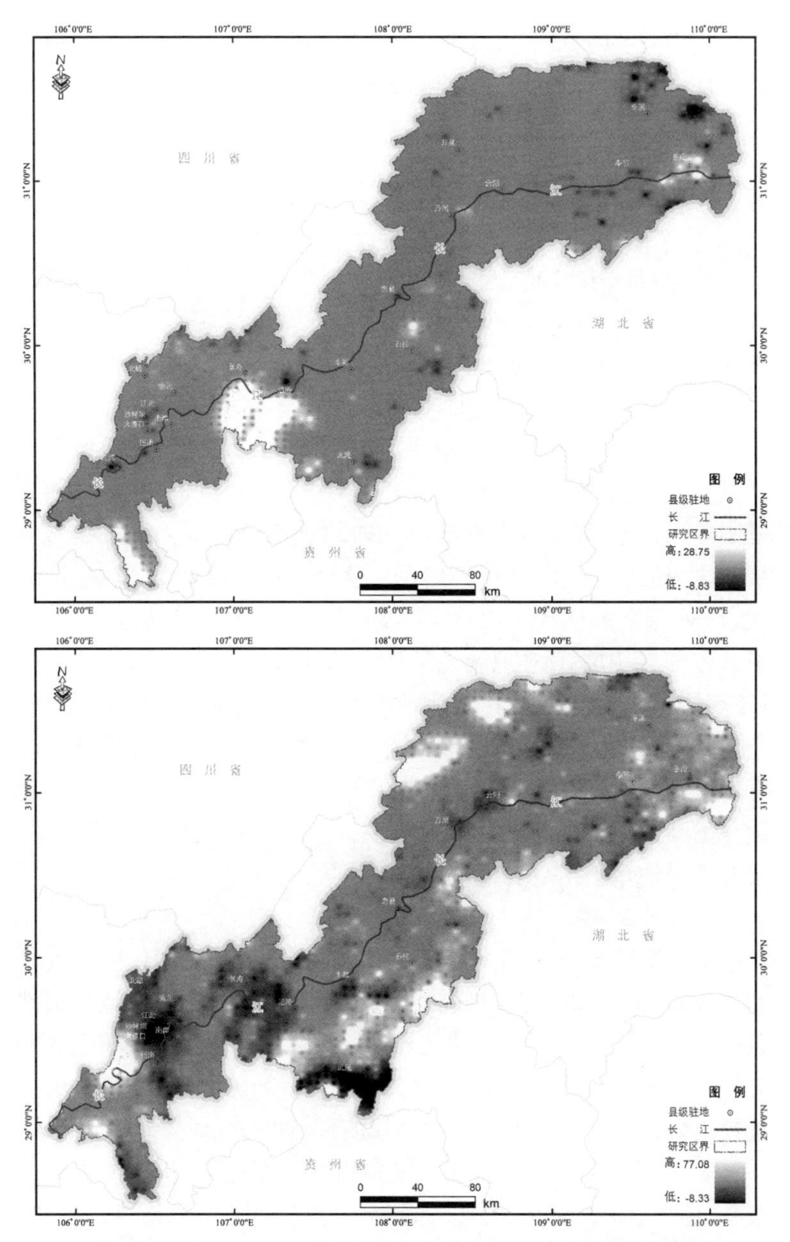

图 5-2 三峡库区(重庆段)不同时期垦殖指数变化率空间分布

在第二时段(1995～2007 年)明显下降。奉节县的 $\Delta I_{1995\sim1986}$ 低于 $\Delta I_{2007\sim1995}$，在 1995～2007 年间，耕地数量上减少较多，速率减少较快；巫溪县情况与奉节县相反，1986～1995 年的耕地垦殖指数减少数量更大，速率也更快；忠县的 $\Delta I_{1995\sim1986}$ 为－0.115 0，$\Delta I_{2007\sim1995}$ 为－3.552 0，后一时段的耕地变化的数量和速率都明显强于前一时段；江津区内耕地垦殖指数变化表明，第一时段(1986～1995 年)耕地有轻微增加，而在第二时段(1995～2007 年)耕地大量快速的减少，这一时期是江津区快速城市化的时期，耕地大面积的转变为其他地类(主要是建设用地)。

表 5－17　三峡库区(重庆段)典型区县耕地垦殖指数变化

区县	1986 年	1995 年	2007 年	$\Delta I_{1995\sim1986}$	$\Delta I_{2007\sim1995}$	$dI_{1995\sim1986}$	$dI_{2007\sim1995}$
奉节县	29.33	29.19	28.96	－0.134 6	－0.234 1	－0.051 0	－0.066 8
巫溪县	27.84	27.58	27.47	－0.264 6	－0.110 9	－0.105 57	－0.033 51
忠县	60.22	60.10	56.55	－0.115 0	－3.552 0	－0.021 21	－0.492 5
江津区	45.19	45.41	42.85	0.220 0	－2.560 0	0.048 68	－0.469 8

5.4.2 林地动态变化

1986～2007 年，研究区的林地面积仅次于耕地面积，是主要土地利用/覆被类型，本小节具体探讨 1986～2007 年，林地覆被动态变化的空间差异。以 1986 年与 2007 年土地利用/覆被数据为基础，利用 ArcGIS 9.3 进行分级分割、提取及绘制，最终得到三峡库区(重庆段)森林覆被动态转换分布图。通过彩图 35 看出，从 1986～2007 年，三峡库区(重庆段)范围内的森林覆被变化相较集中，整体上森林覆被变化分为 3 种类型：林地转变为非林地(逆向变化)、林地间的相互转换与非林地转换为林地(正向变化)。这 3 种森林覆盖变化类型呈聚集分布。从空间分布上来看，森林覆被变化较明显的地区集中在研究区的东部、南部和西部。从区县分布来看，东部主要在库区下游地区的开县、云阳县、奉节县、巫溪县和巫山县等地，这里分布着大巴山、巫山等，地势较高，地形复杂，森林分布面积较大，森林覆被变化最为显著，其中林地间变化面积最大，正向变化和逆向变化的面积较小；南部的涪陵区、武隆县、丰都县和石柱县等地森林覆被变化也较强，武陵山脉从这里经过，较多的非林地转变为林地（正向变化）；西部江津区有较多的森林覆被变化，其中在四面山等地存在着明显的林地间转变，而在重庆市主城区的缙云山、中梁山、龙洞山、明月山和铜锣山等地有较明显非林地转变为林地（正向变化）和林地间转变。

为了更详细地描述三峡库区（重庆段）的森林覆被变化空间分布的基本规律，对彩图 35 按 5 km×5 km 作为基本面积单位，分别计算基本单位内的森林覆被的总量变化、正向变化、逆向变化及林地间的变化（张树文，2006），利用 ArcGIS 9.3 — ArcToolbox — Datamanagement tool — Feature to point 命令，将 5 km×5 km 基本单位（Shapfile 文件）转变成点数据，利用 Geostatistical Analyst（地统计模块）数据基本分析，采用反距离权重方法（IDW）进行插值，对变化的空间分布做趋势拟合，由点数据生成面数据，将离散分布的现象转变成连续的趋势面。IDW 通过对邻近区域的样点值作平均运算得到内插的单元值，需要样点分布较均匀，并且聚集程度可以反映局部表面变化趋势。当取样点足够密时，IDW 对局部插值的效果非常好（邓晓斌，2008）。其具体原理为，首先假设平面上有一系列离散的点，知道采样点的坐标与其目标值 X_1，X_2，$X_i(i=1, 2, 3\cdots n)$，然后可以根据周边离散点的值，通过距离加权值得到 Z 点的估计值，Z_0 为：

$$Z_0=\left[\sum_{i=1}^{n}\frac{z_i}{d_i^k}\right]\Big/\left[\sum_{i=1}^{n}\frac{1}{d_i^k}\right]$$

式中，Z_0 为点 0 估计值；Z_i 为控制点 i 的值；d_i 为控制点 i 与点 0 间的距离；n 为在估计中应用的控制点的数目；k 为指定的幂（邓晓斌，2008）。空间趋势可以反映物体在空间区域上的变化总体特点，它通过忽略局部的变化来提示总体规律。图 5－3 为通过

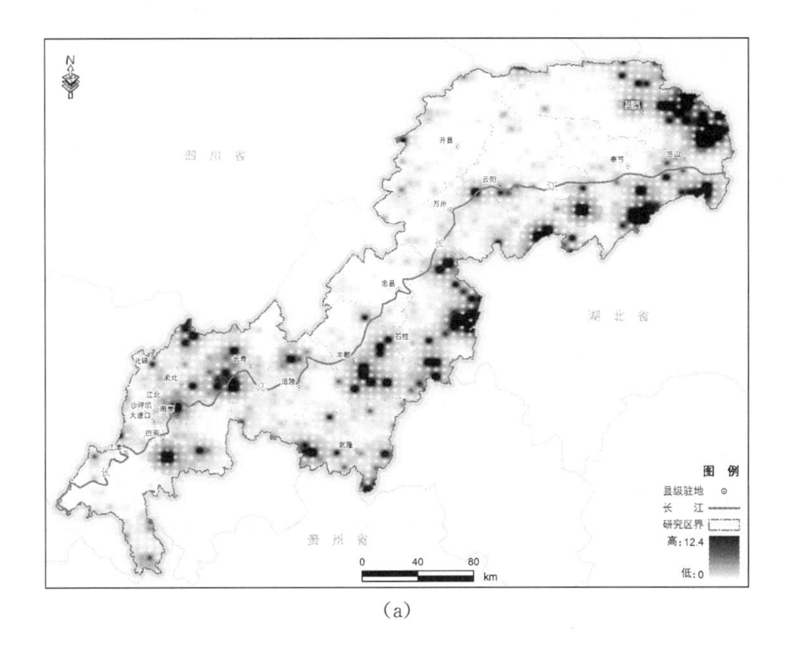
N
四川省
开县
云阳
万州
奉节
巫山
江
长
忠县
湖北省
石柱
丰都
涪陵
长寿
北碚
渝北
江北
沙坪坝
大渡口
南岸
巴南
江津
武隆
贵州省
图 例
县级驻地
长 江
研究区界
高:12.4
低:0
0 40 80
km

(a)

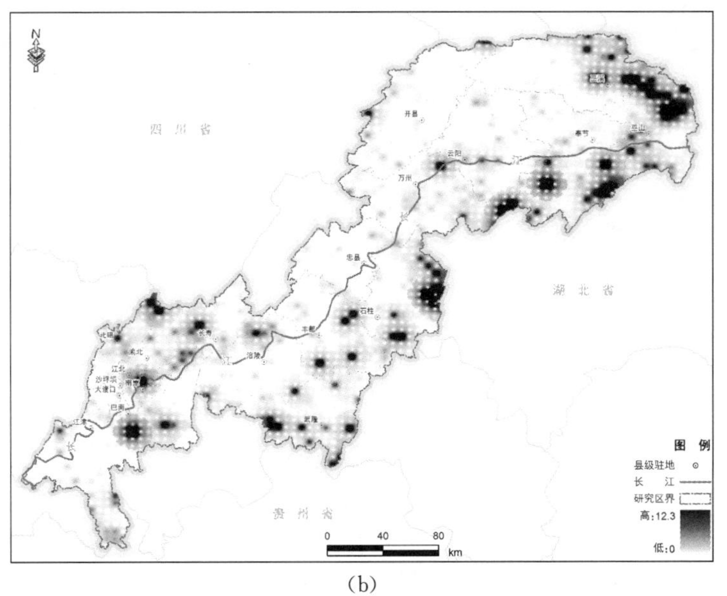
N
四川省
开县
云阳
万州
奉节
巫山
江
长
忠县
湖北省
石柱
丰都
涪陵
长寿
北碚
渝北
江北
沙坪坝
大渡口
南岸
巴南
江津
武隆
贵州省
图 例
县级驻地
长 江
研究区界
高:12.3
低:0
0 40 80
km

(b)

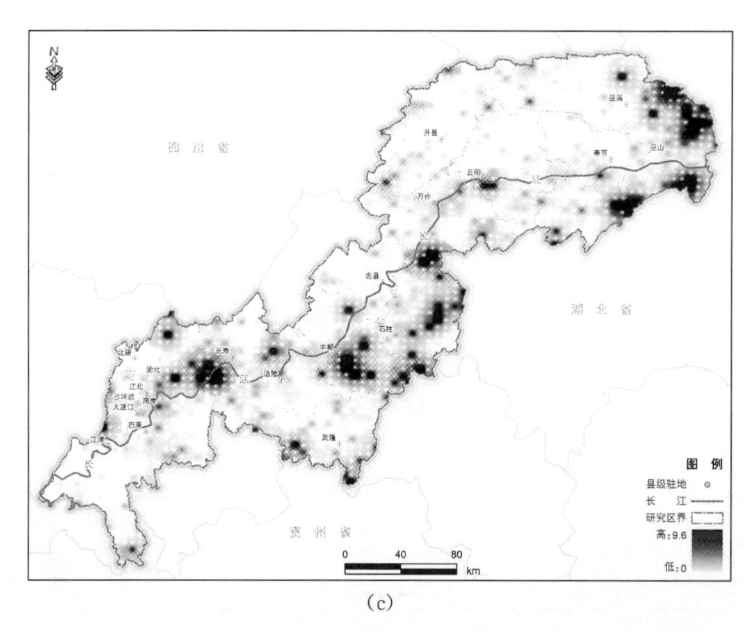

(c)

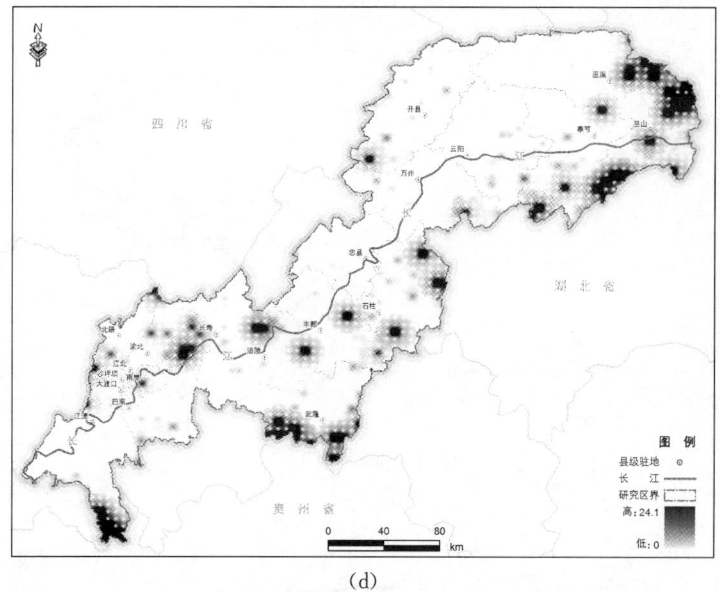

(d)

图 5－3　三峡库区 1986～2007 年森林覆被变化趋势图

(a) 总量变化趋势图；(b) 正向变化趋势图；(c) 逆向变化趋势图；(d) 林间变化趋势图

IDW 法得到的三峡库区(重庆段)1986～2007 年森林覆被变化的趋势图。从图中看出,1986～2007 年,森林覆被正向变化在研究区上游、中游和下游地区都有集中分布。①研究区上游重庆市主城区的巴南区和北碚区境内。②研究区中游的武隆县、丰都县和石柱县境内的高海拔地区(如仙女山)。③研究区下游的开县、奉节县和巫山县等地分布较广。1986～2007 年,森林覆被逆向变化表现最为集中,在库区上游的涪陵区与长寿区交界有大面积的集中分布;在中游和下游地区各有 3 大块集中分布区。森林覆被的正向变化与逆向变化共同组成了研究区森林覆被的总量变化。1986～2007 年,林间变化高发区主要在研究区东部与南部的外围地区,从外向内逐渐减少。

5.5 小结

土地利用的动态研究一直是 LUCC 研究的核心部分,本章主要对三峡库区(重庆段)以及范围内的 4 个典型区县的土地利用/覆被动态变化进行空间与时间尺度上的对照分析,现小结如下。

(1) 三峡库区(重庆段)的耕地面积先增加后减少,林地面积先减少后增加,草地和未利用地面积持续减少,水体和建设用地面积持续增加。江津区除了林地持续减少外,其他地类变化与三峡库区(重庆段)的趋势相同;忠县各地类变化趋势在两个时段内一致,其耕地持续减少,而林地持续增加;巫溪县耕地持续减少,林地先增后减,草地持续增加;奉节县耕地持续减少,林地先增后减,草地先减后增。整体上江津区同三峡库区(重庆段)的土地利用变化较一致,其次是忠县,而在库区下游地区的巫溪县和奉节县的差异较大。

(2) 从土地利用/覆被类型的转换空间分布来看,整体上,库区上游地区和库区下游地区存在较明显的地类间转变。1986～2007 年,研究区的耕地、林地和草地的相对变化率更高,而水体和建设用地高相对变化率的栅格分布更为集中。库区下游的开县、云阳县和奉节县，库区上游的重庆市主城区，近中游地区的涪陵区、丰都县、武隆县及石柱县部分区域的土地利用年综合变化率明显高于周边区域。

(3) 通过研究区特定区域的遥感影像直观地反映了不同时期土地景观动态变化。分别代表了森林景观的动态演替过程、耕地景观和草地景观相互转换、老城区的快速扩张和新的小城镇的兴起4个不同的土地利用/覆被变化过程。

(4) 通过马尔科夫模型模拟预测了三峡库区(重庆段)及典型区县的土地利用/覆被未来的变化趋势。三峡库区(重庆段)的耕地和草地面积将减少，林地、水体和建设用地呈增加趋势；江津区的土地利用类型变化趋势同三峡库区(重庆段)的一致；奉节县的耕地、林地和草地面积减少，水体和建设用地面积增加；巫溪县的耕地、林地、水体和建设用地面积增加，而草地面积减少；忠县的土地利用变化趋势整体上与三峡库区(重庆段)相同，区别在于林地与建设用地变化有所波动。

(5) 耕地和林地是研究区的主要土地利用类型。1986～1995年，研究区的垦殖指数变化不大，而1995～2007年，垦殖指数明显加强，空间上差异明显，在重庆市主城区等地垦殖指数呈负增长，库区下游则为正增长。4个典型区县垦殖指数变化基本一致，在研究期呈负增长的趋势，第二时段的垦殖指数变化较第一时段显著，其中江津区与忠县的垦殖指数变化比库区下游的奉节县和巫溪县更高。1986～2007年，森林变化较明显的地区在研究区的东部、南部和西部区域。森林覆被正向变化和林间变化较明显的区域多集中在地势较高的山地，分布规律同研究区地貌图基本吻合，而逆向变化明显的区域在库区上游、中游和下游都有分布，更为集中。

参考文献

[1] 邓晓斌.基于ArcGIS两种空间插值方法的比较.地理空间信息,2008,6(6):85-87.

[2] 李德成,徐彬彬,石晓日.用马氏过程模拟和预测土壤侵蚀的动态演变:以安徽省岳西县为例.环境遥感,1995,10(2):89-96.

[3] 宁龙梅,王学雷,胡望斌.利用马尔科夫过程模拟和预测武汉市湿地景观的动态演变.华中师范大学学报(自然科学版),2004,38(2):255-258.

[4] 王思远,刘纪远,张增祥.中国土地利用时空特征分析.地理学报,2001,56(6):631-639.

[5] 徐克学.生物数学.北京:科学出版社,2001.

[6] 张树文,张养贞,李颖.东北地区土地利用/覆被时空特征分析.北京:科学出版社,2006.

[7] 朱会义,李秀彬,何书,等.环渤海地区土地利用的时空变化研究.地理学报,2001,56(3):253-260.

6

三峡库区(重庆段)土地利用/覆被变化驱动因素

土地利用/覆被变化具有长期性和复杂性的特点,影响区域土地利用/覆被变化的因素众多,一般涉及自然环境、社会经济与历史等多种原因(刘殿伟,2006)。各种因素对土地利用/覆被的作用方式、强度和范围都不同,往往这些影响因素之间又存在相互影响,这就导致土地利用/覆被变化更为复杂和难以预测。因此,土地利用/覆盖变化驱动力研究正日益成为最活跃的研究领域之一(李秀彬,1996;王静爱等,2004)。一般来说,影响土地利用的驱动因素可以分为直接因素和间接因素,摆万奇等(1999,2001)认为,对土地利用变化起作用的是由多种驱动力形成的合力,需要应用系统的观点和方法,综合考察其整体与部分及结构与功能的关系。尽管目前人们对于土地利用的影响因素的重要性有着不同的观点,大多数学者认为自然环境是土地利用/覆被变化的基础因素,一定程度上起主导作用,而社会人为因素对土地利用/覆被的空间变化起决定作用。土地利用/覆被变化过程受上述多种自然生态与社会人文因素共同影响,表现出不同的时空差异。本章主要从自然环境条件(海拔、坡度、地貌和土壤)与社会经济(人为干扰、人口增长与经济)两方面对研究区的土地利用/覆被的驱动力进行分析。

6.1 土地利用/覆被变化自然驱动因素分析

6.1.1 高程和坡度对土地利用方式的影响

6.1.1.1 数据处理方法

利用研究区的数字高程图，通过 ArcGIS 9.3 的空间分析模块对海拔进行重新分级，得到 100～200 m、200～400 m、400～600 m、600～800 m、800～1 000 m 和 1 000 m 以上 6 个海拔梯度级。然后在 ArcGIS 9.3 中与土地利用数据进行叠加，分别统计各海拔梯度上的各土地利用类型面积，在 Excel 2003 中统计并生成相应的柱状图。

利用 DEM 图在 ArcGIS 9.3 中借助空间分析模块生成坡度图，然后重新进行坡度分级，得到 0～5°、5°～10°、10°～15°和 15°以上 4 个坡度级。在然后在 ArcGIS 9.3 中与土地利用数据进行叠加，统计各梯度上的土地利用类型面积，在 Excel 2003 中统计并生成相应柱状图。

6.1.1.2 高程对土地利用方式的影响

通过 1986 年与 2007 年各海拔梯度上地类面积(图 6 - 1)看出：耕地在海拔 200～600 m 分布最多；林地和草地在 1 000 m 以上的海拔梯度分布面积最大，其次在 400～800 m 海拔内有较多分布；水体在 100～200 m 分布最多，其次是在 200～400 m 内有一定分布；建设用地在 200～400 m 分布最多；未利用地由于面积最少，未见明显分布的规律。

通过图 6 - 2 可以看出 1986～2007 年不同海拔梯度内的土地利用/覆被的变化情况。为了便于比较，将 1986～1995 年定为第一时段，1995～2007 年定为第二时段。图 6 - 2(a)展示了研究第一时段不同海拔高度土地利用类型的变化方向与数量。从中看出，土地利用/覆被除了在 100～200 m 外的其他梯度内都有明显变化。耕地在 200～1 000 m 内有较大面积的增加，在 1 000 m 以

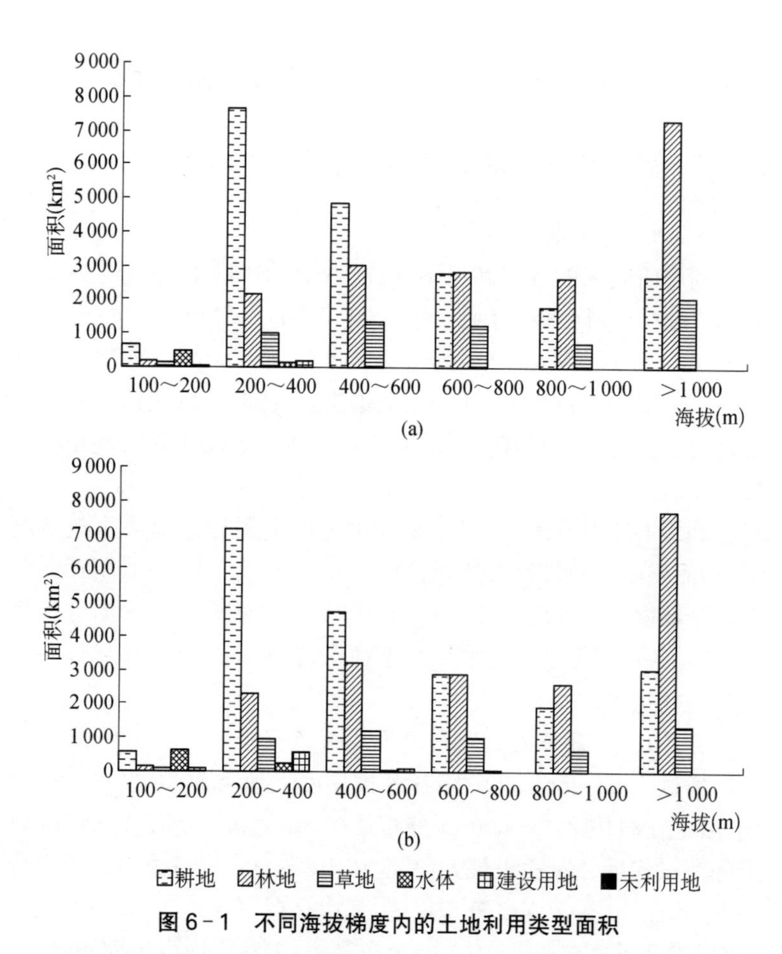

图 6-1 不同海拔梯度内的土地利用类型面积

(a) 第一时段土地利用类型面积；(b) 第二时段土地利用类型面积

上海拔梯度内则明显减少；而林地情况与耕地相反，在 200～1 000 m 内明显减少，但在 1 000 m 以上海拔梯度内林地大面积增加；各海拔梯度内的草地变化趋势较一致，从 1986～2007 年草地大幅度的减少；水体的变化在这个时期内并不明显；建设用地在 200～400 m内增加面积最多，其次是在 100～200 m 海拔梯度内，其他梯度内未见明显的变化；未利用地变化不明显。

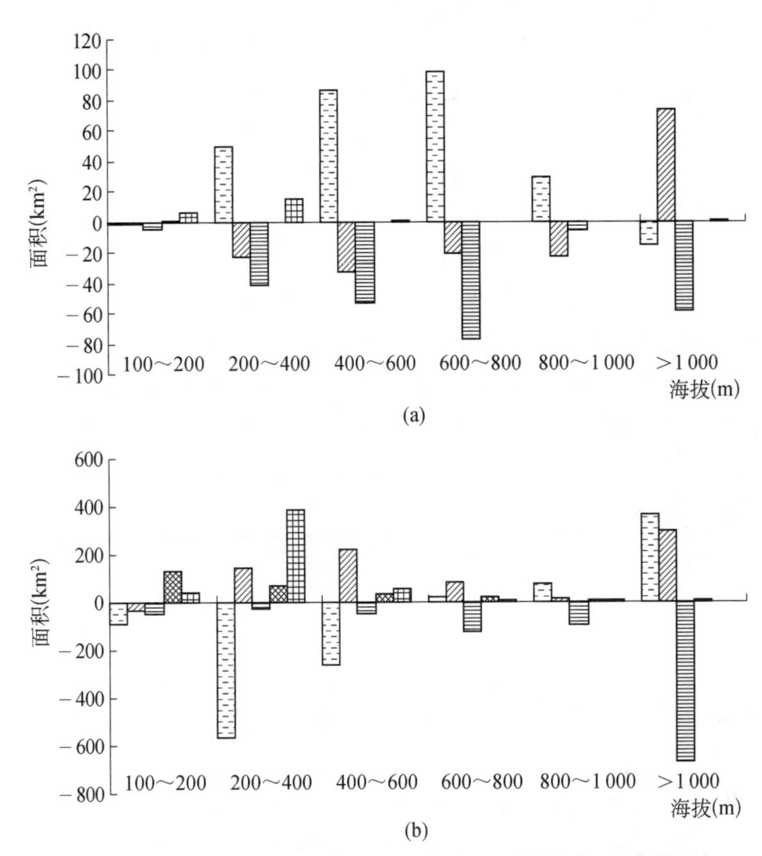

图 6-2 不同海拔梯度内的土地利用类型面积变化

(a) 第一时段土地利用类型面积变化；(b) 第二时段土地利用类型面积变化

第二时段的各土地利用类型变化集中在 200～400 m、400～600 m 及 1 000 m 以上海拔梯度内。耕地在 200～400 m 减少最多，其次是在 400～600 m 内，在 1 000 m 以上海拔梯度内增加明显；林地在 1 000 m 以上面积增加最大，在 400～600 m、200～400 m都有明显增加，在 100～200 m 有轻微减少；草地在各梯度内都呈减少趋势，在 1 000 m 以上大面积减少；水体在 100～200 m、200～400 m、400～600 m、600～800 m 都有变化，在 100～200 m

内水体增加最多，水体面积增加与海拔高度呈相反趋势，体现了三峡工程蓄水对研究区水体面积的影响；建设用地在 100～600 m 内增加，在 200～400 m 内建设用地增加最多，其次是在 100～200 m 与 400～600 m 内；未利用地未见明显变化。

总体上，耕地在第一时段在 1 000 m 以上减少，其他海拔梯度内明显增加，在第二时段变化趋势与前一时段相反；第一时段林地在 1 000 m 以上显著增加，其他海拔梯度内减少较多，在第二时段除了在 100～200 m 内有所减少，在其他海拔梯度内增加，1 000 m 以上增加最强烈；草地在多个梯度内减少，第二时段 1 000 m 以上草地减少最显著；水体在第二时段低海拔区内增加明显；建设用地增加多在中低海拔，200～400 m 建设用地大面积增加，是城市化最强烈的区域。

6.1.1.3 坡度对土地利用方式的影响

图 6－3 为 1986 年与 2007 年各坡度梯度内土地利用类型面积分布情况。从中看出，耕地在坡度小于 5°梯度内分布最多，其次是在 5°～10°和大于 5°的坡度内，而在 10°～15°内耕地分布最少；林地多分布在大于 5°坡度范围内，其他坡度梯度内林地分布面积相当；草地在大于 5°坡度范围内面积最多，其次是在小于 5°内；水体和建设用地相似，在坡度小于 5°范围内面积最大。未利用地从图中看不出明显的分布趋势，但从土地利用现状图中发现在近河流地方有大量的河漫滩等未利用地分布。

上面对不同坡度梯度上各土地利用类型总体情况进行了分析，下面对 1986～2007 年不同坡度上土地利用类型变化趋势进一步分析。图 6－4 为两个时段坡度梯度上各土地利用类型面积变化趋势。第一时段，耕地、林地和建设用地有较明显的变化，耕地在各个坡度梯度内都增加明显，趋势同坡度相反；在 0～15°内较多林地减少，在大于 5°内林地大面积增加；草地总体减少，缓坡地区草地减少面积大于陡坡地区；建设用地较大幅度增加，小于 5°坡度内增加面积最大，面积增加同坡度呈现相反趋势；未利用地变化不明显。第二时段土地利用类型变化更为明显。小于 5°坡度内耕地

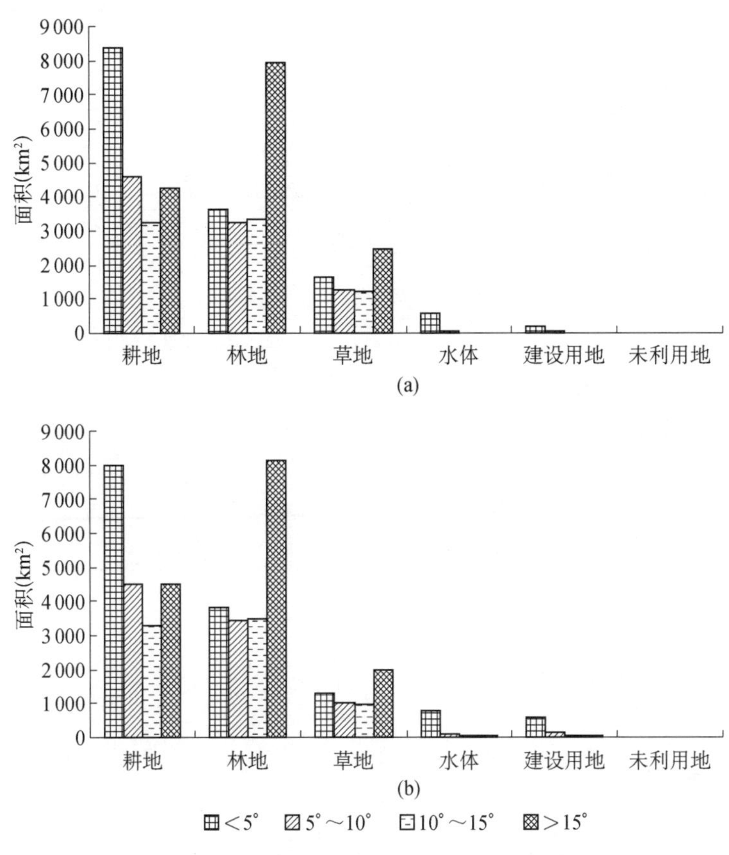

图 6－3　不同坡度梯度内的土地利用类型面积

(a) 第一时段土地利用类型面积；(b) 第二时段土地利用类型面积

减少面积最大，在大于 15°坡度内则耕地明显增加，表明这个时段，缓坡耕地大多被占用为其他地类（如建设用地），而在部分陡坡人为的开垦使得耕地有所增加；林地在各个坡度内都明显增加，由于退耕还林等措施使得林地面积有显著增加；草地在各个坡度内呈现减少的趋势；水体在各个坡度梯度内都增加；建设用地变化趋势同水体相同，小于 5°坡度内有大幅度增加，在这个坡度区间内城市化速度加快。

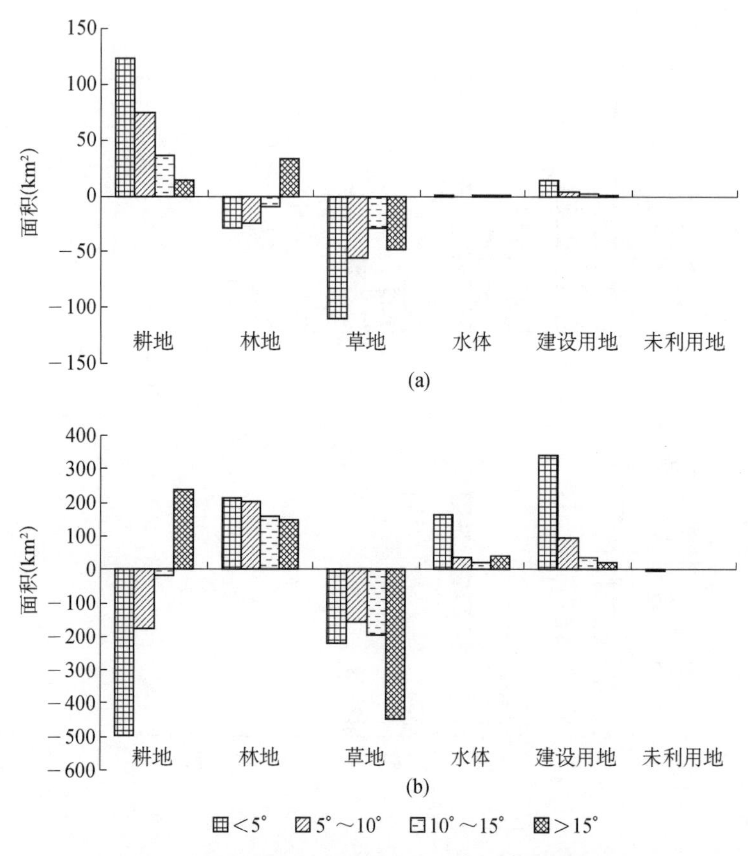

图 6-4 不同坡度梯度内的土地利用类型面积变化

(a) 第一时段土地利用类型面积变化；(b) 第二时段土地利用类型面积变化

6.1.2 土地利用动态对地貌因素的响应

6.1.2.1 数据处理方法

利用研究区地貌图，通过 ArcGIS 9.3 进行数字化，得到研究区的数字地貌图(共 12 种地貌类型)。然后在 ArcGIS 9.3 中与土地利用数据进行叠加，分别统计各地貌类型上的各土地利用类型面积，在 Excel 2003 中生成柱状图。

6.1.2.2 结果分析

图 6－5 为 1986 年、1995 年、2000 年和 2007 年三峡库区(重庆段)不同地貌类型的土地利用类型面积百分比。可以看出研究区各土地利用类型在不同地貌上分布的规律。耕地主要分布在侵蚀剥蚀丘陵、侵蚀剥蚀中山、侵蚀剥蚀低山、侵蚀剥蚀台地、其他河谷平原、喀斯特平原等地貌类型,耕地在多种地貌类型上都有分布,说明人类活动已经在三峡库区(重庆段)的各种地貌类型都有涉及。具体来看,水田多分布在平原、台地等地貌类型上,旱地则多分布在中低山和丘陵等地貌类型上,林地主要分布在侵蚀剥蚀中山、喀斯特丘陵、喀斯特中山、喀斯特平原、褶皱抬升中山和低山等地貌类型上。山地和丘陵多为有林地,在喀斯特平原上多为其他林地,这里立地条件较好,有较多果园等经济林分布;草地多分布在其他河谷平原、喀斯特平原、整体掀斜抬升中山和穹状隆升中山等地貌类型上;建设用地则主要分布在侵蚀剥蚀丘陵和喀斯特平原地貌类型上,这些部位或者离长江等主要河流较近,或者地势平坦受自然灾害相对较少,更适宜于人类的建设活动;未利用地则主要分布在侵蚀剥蚀台地与喀斯特平原等地貌类型上;水体多分布在侵蚀剥蚀丘陵、其他河谷平原和侵蚀剥蚀低山等地貌类型上,长江作为研究区内主要水体,从库区下游至中游依次经过了褶皱抬升中山、侵蚀剥蚀低山、褶皱抬升低山和侵蚀剥蚀丘陵等几大地貌类型。

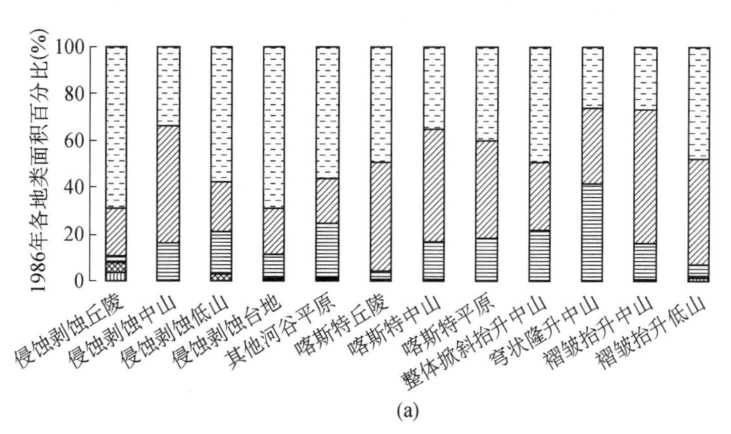

(a)

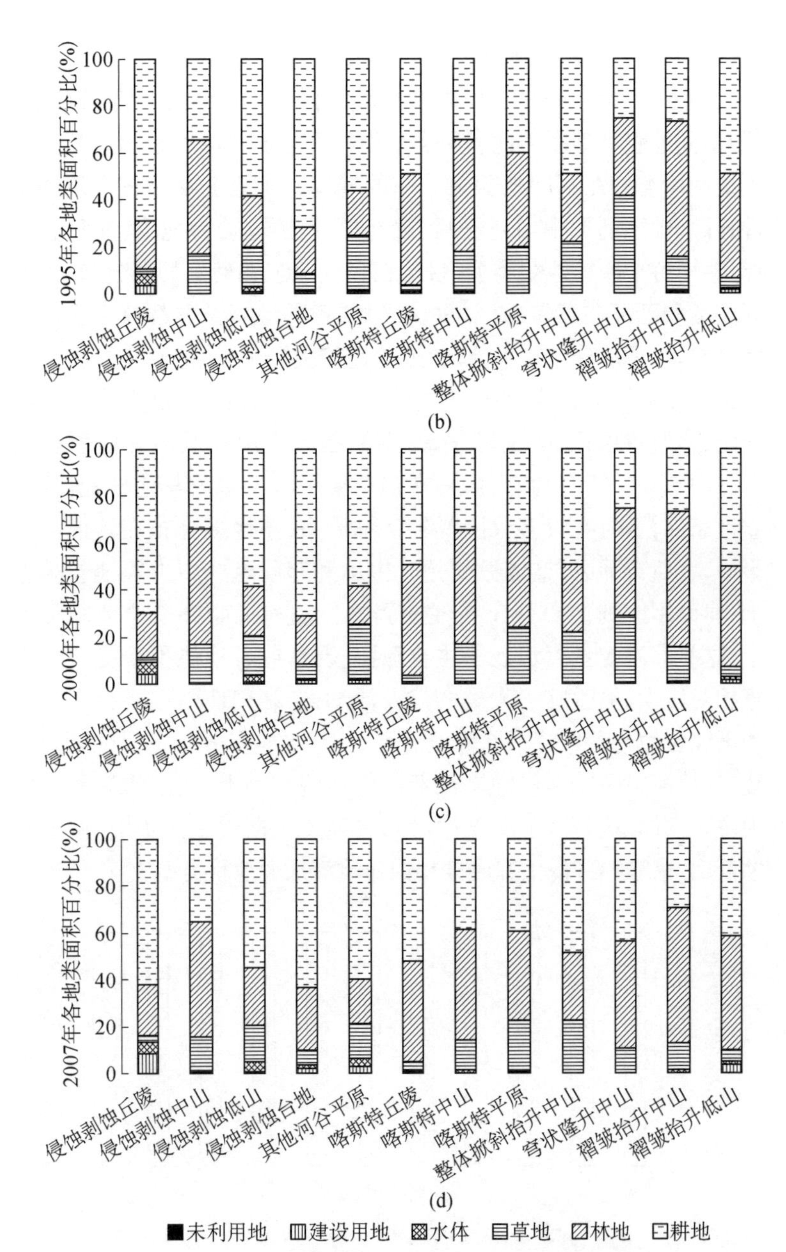

图 6－5　不同地貌类型的土地利用类型面积百分比

图 6－6 反映从 1986～2007 年各地貌类型上土地利用面积的变化情况。其中以侵蚀剥蚀丘陵、侵蚀剥蚀低山和褶皱抬升中山的土地利用整体变化最为剧烈。耕地在侵蚀剥蚀丘陵、侵蚀剥蚀低山上明显减少，在褶皱抬升中山耕地大面积增加；林地在侵蚀剥蚀低山、侵蚀剥蚀台地、穹状隆升中山、褶皱抬升中山和褶皱抬升低山等地都增加明显；草地除在侵蚀剥蚀丘陵增加外，在其他地貌类型上都表现为减少；研究期以来水体增加明显，主要分布在侵蚀剥蚀丘陵、侵蚀剥蚀中山、侵蚀剥蚀低山、其他河谷平原和褶皱抬升中山等地貌类型上；建设用地在侵蚀剥蚀丘陵、侵蚀剥蚀低山和褶皱抬升中山等地增加显著。

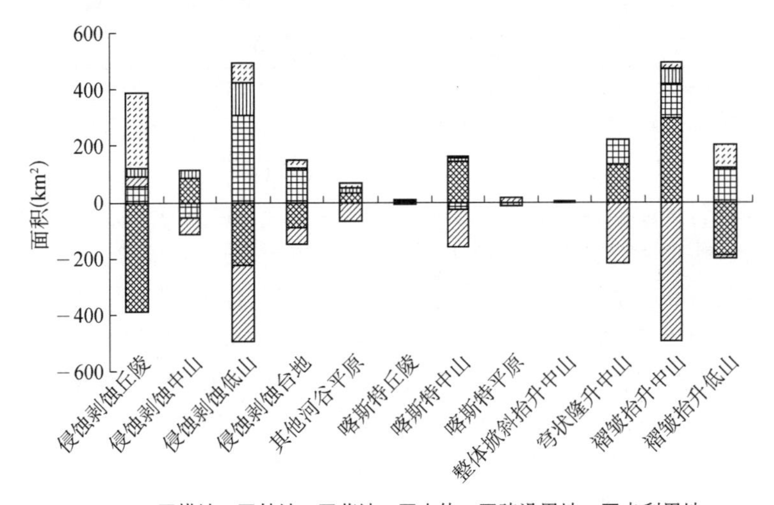

图 6－6　1986～2007 年不同地貌类型的土地利用类型面积变化

6.1.3　土壤条件与土地利用方式的关系

6.1.3.1　数据处理方法

利用研究区土壤类型图，通过 ArcGIS 9.3 进行数字化，得到研究区数字土壤类型图(共 9 种土壤类型)。然后在 ArcGIS 9.3

中与土地利用数据进行叠加，分别统计各土壤类型上的土地利用类型面积，在Excel 2003中生成柱状图，以此来分析土壤对土地利用格局的影响。

6.1.3.2　结果与分析

前面对海拔高度、坡度与地貌类型等自然因素对土地利用的影响作了初步探讨，结果表明不同自然条件对土地利用影响明显。除此之外，土壤也是一种重要的自然因素，土壤条件的不同与土地利用方式有着密切的关系。三峡库区（重庆段）的土地利用/覆被变化最直接的因素有耕地的城市化，退耕还林等过程，对于研究区进行不同土壤类型上的土地利用变化分析是有必要的。结合研究区土壤类型图，研究区土壤类型分为9类，山地草甸土、棕壤、水稻土、石灰土、粗骨土、紫色土、黄壤、黄棕壤和黄褐土。

图6-7(a)为三峡库区（重庆段）1986年不同土壤类型上土地利用结构概况。三峡库区（重庆段）主要土壤类型是水稻土、石灰土、紫色土、黄壤、黄棕壤，其中紫色土分布面积最大，山地草甸土和粗骨土面积最小。不同土地利用类型在土壤类型上面积差异显著。耕地主要分布在紫色土，其次是水稻土、黄壤和石灰土；林地主要分布在黄壤，其次是紫色土、石灰土和黄棕壤；草地主要分布在紫色土，其次是黄壤和石灰土；水体主要分布在紫色土和水稻土；建设用地在紫色土面积最大；未利用地由于面积较小，在不同土壤类型的统计图上对比不明显，为了保持研究的完整性，故将其显示出来。在研究期内，由于某些土壤类型（如水稻土）本身会有所变化，由于数据资料的限制，无法来改变这个事实，只有用已有的土壤类型图来分析。

上面对1986年不同土壤类型上土地利用情况进行了分析，随着时间的推移，不同土壤类型上的土地利用类型面积必然发生变化，因此有必要对不同时期土壤类型上的土地利用类型面积变化进行对比。从图6-7(b)看出1986～2007年不同土壤类型上土地利用方式的变化趋势。在第一时段，水稻土和紫色土上的土地利用变化最显著，耕地在几种主要土壤类型上增加；林地在紫色土上减少明显,在石灰土和黄棕壤上增加明显,总体上林地面积增加;水稻土上草地面积减少最多,紫色土、石灰土和黄壤等土壤类型上有所减少,整体草地减少显著;建设用地在紫色土上增加最多,在其他土壤类型上也有所增加;水体和未利用地在各土壤类型上面积增加不明显。从图 6-7(c)看出,第二时段各土壤类型上土地利用变化更剧烈,在紫色土、水稻土、石灰土、黄壤和黄棕壤上都有明显的变化。耕地在石灰土和紫色土上减少明显,在黄壤和黄棕壤上明显增加;林地除了在棕壤上轻微减少外,在几种主要土壤类型上都显著增加,这一时期林地面积增加较多;草地变化情况同耕地相似,在石灰土、紫色土、黄壤和黄棕壤上都大面积减少,草地面积整体减少较多;水体在几种主要土壤类型上都有所增加,其中在紫色土上增加面积最大;建设用地在紫色土、水稻土和黄壤上有显著增加,对比第一时段,建设用地无论在变化总面积还是发生变化的土壤类型数上都较多,表明第二时段处于比第一时段更强烈的城市化中。

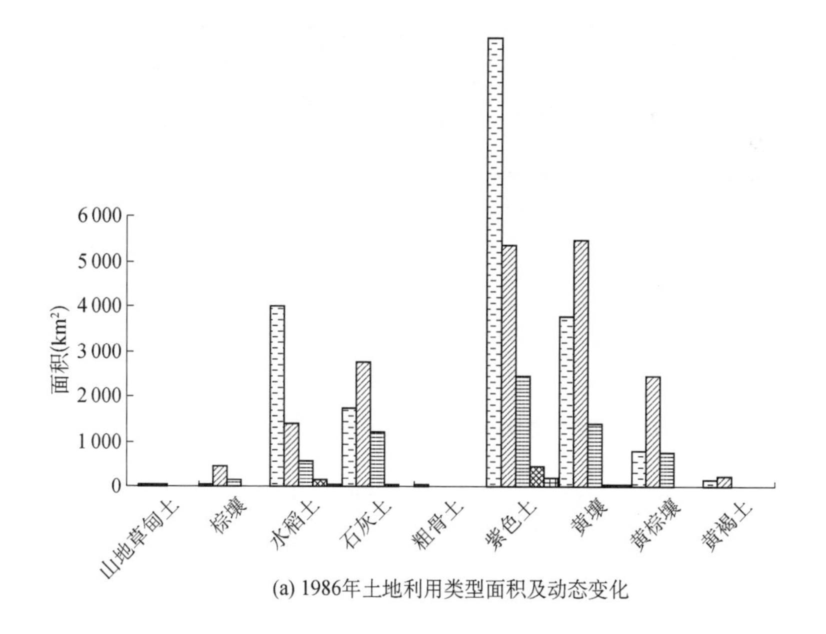

(a) 1986年土地利用类型面积及动态变化

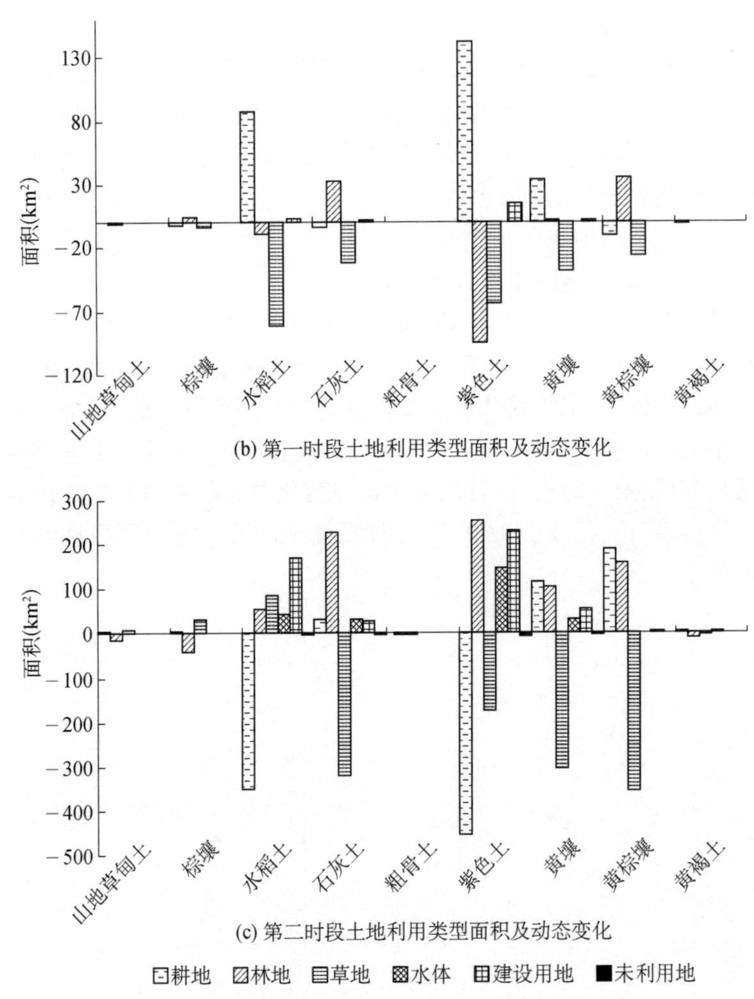

(b) 第一时段土地利用类型面积及动态变化

(c) 第二时段土地利用类型面积及动态变化

图 6-7 不同土壤类型上土地利用类型面积及动态变化

总的来看，紫色土和水稻土上土地利用变化最为强烈。一方面这两种土壤类型分布面积较多，另一方面它们的空间多分布在地势平坦的研究区上游和下游地区，这里社会经济发展更快，人为活动更为强烈,人为影响更大,土地利用/覆被变化明显。在1995年后,石灰土、黄壤和黄棕壤上的土地利用变化也较强,这些土壤类型多分布在研究区下游和中游地区海拔较高地势较陡的山区,一方面这里人为干扰相对较轻,自然因素条件成为其变化的主要原因,如植被的自然演替等,另一方面也反映出相对第一时段这些地区的人为干扰有所增强。

6.2 土地利用/覆被变化与人为因素

6.2.1 人为干扰指数

从长期过程来看,自然条件和人为活动都会影响到土地利用/覆被的变化,在较短的时间尺度的城市化过程中,人类活动则成为主导因素(Turnner Ⅱ B. L. 等,1995)。人类活动的结果往往使得景观组分的原始自然性质不断下降,不同类型的景观组分代表不同的人为活动类型与强度(Jensen J. R. ,1996)。本研究采用人为影响指数来反映人为活动对区域土地利用/覆被变化的影响强度(史培军,等)。

具体指数公式为:

$$HAI = \sum_{i=1}^{N} A_i P_i / TA \times 100\%$$

式中,HAI 为人为影响指数;N 为景观组分类型数;A_i 是第 i 种景观组分的面积;P_i 是第 i 种景观类型反映的人为强度参数;TA 为研究区总面积(陈浮等,2001)。通过人为影响强度参数可以反映不同景观组分人类参与、管理、改造的强度和属性,目前有多种方法(曾辉,1999)。本研究采取史培军等(2004)提出的各土地利用/覆被类型的人为影响参数,并做适当修正得到研究区人为影响参数(表6-1)。

表 6-1 各种土地利用/覆被类型人为影响参数

类型	耕地	林地	灌草地	水体	建设用地	未利用地
参数	0.55	0.1	0.23	0.115	0.9	0

分别计算研究区 1986 年和 2007 年人为影响指数，1986 年人为影响指数为 32.30%，2007 年人为影响参数为 32.65%，20 年来研究区的人为影响指数有所增加，人为活动对景观的影响有所增强。为了进一步揭示研究期人为影响指数空间上的差异，以 5 km×5 km 为一个栅格单元，分别计算每个单元内的人为影响指数，通过 ArcGIS 9.3 成图，得到从 1986～2007 年两个时期的人为影响参数与人为影响参数变化的空间分布。

从彩图 36、彩图 37 看出，1986 年、2007 年高人为影响指数区域基本相同，主要分布在研究区上游及中游长江边，显示了城市化过程中人为活动对这些区域内景观强烈的干扰，研究区下游区县的人为影响指数在两个时期内都较低，人为影响活动相对较弱。从 1986 年与 2007 年人为影响指数的空间分布图中直观看出，1986 年的高人为影响指数区域更为集中，2007 年的高人为影响指数区域分布较破碎，表明到 2007 年来人为活动的影响更为广泛。彩图 38 反映 1986～2007 年人为影响指数变化的空间分布。人为影响指数增加较高的区域主要在重庆主城区、开县及渝东南的武隆县等地。这表明随着城市化进行，人类活动更趋向于经济发达条件更好的区域，而山区由于自然条件等因素的限制，人类活动强度出现衰减的趋势(史培军，2004)。

通过人为影响指数从一定程度上反映了土地利用同人为干扰之间的关系，三峡库区(重庆段)的人为干扰逐渐增加，符合当前经济开发、城市化等人为活动的整体趋势。人为干扰的整体空间分布规律为：库区上游和中游近长江边的区县受到的人为干扰更强，库区下游区县的人为干扰相对较轻。随时间的不同，研究区人为干扰程度在空间上也有一定差异。研究初期高人为干扰区域更为集中,研究末期高人为干扰区域分布相对更为破碎。这同景观生态学中一定的干扰会加重破碎化的原理相符合。

6.2.2 人文因素与土地利用的关系

与自然因素相比,人文活动对库区土地利用和覆被变化的影响要强得多。江晓波等(2004)对20世纪后10年库区的土地利用/覆被变化驱动力进行分析,表明库区土地利用/土地覆被变化的驱动力主要为经济因素、人口压力、宏观政策及三峡工程4个方面。邵怀勇等(2008)对三峡库区近50年来的土地利用/土地覆被变化驱动因素进行分析,指出三峡库区土地利用/覆被变化受到自然因素和人文因素的共同影响,与气候、土壤和地形等自然因素相比,政策、经济发展和人口等人文因素起到了主导作用。曹银贵等(2007)采用典型相关分析方法,详细分离出三峡库区各地类变化与各社会经济因子之间的关系。高群(2005)以云阳县为例,探讨了生态建设、基础设施建设、城镇化、生态移民、农业产业结构调整等短期强烈的人类活动对区域景观格局的影响。曹银贵等(2006)对三峡库区1990～2004年的耕地变化及其驱动因素进行了对比,指出15年来耕地变化最主要驱动力是国家政策,其次是人类社会的经济活动。上述研究的时段不尽相同,但三峡库区土地利用/覆被变化的驱动因素主要有人类经济活动、人口因素、国家宏观政策及科技进步等方面。

研究区在重庆境内,面积广,地区经济差异明显,人文因素对不同地区的影响程度不一样,本小节以研究区内巫溪县、奉节县、忠县和江津区等4个典型区县为例,分析了各区县耕地变化主要驱动力,用来反映研究区土地利用/覆被变化驱动因素的空间差异。

6.2.2.1 数据来源与处理

重庆市直辖以来,经济快速发展,人类经济活动更为剧烈,数据时间段选择1994～2007年共计13年的经济统计数据,资料来自《重庆统计年鉴》，由于巫溪县、奉节县和忠县在1997年前行政区划属于四川省，1994～1997年的数据来自《四川统计年鉴》。分别选择9个指标进行指征土地利用/覆被变化总体驱动因素。Y为耕地面积，X为驱动因子。驱动因素主要有人口因素(包括x_1总人口、x_2非农业人口、x_3社会从业人员数)；经济因素(包括x_4国民生产总值、x_5社会消费总量、x_6社会固定资产投资总额)；科技进步因素(包括x_7粮食总产量、x_8客运总量、x_9货运总量)；政策因素(x_{10}农林牧渔总产值、x_{11}工业总产值)。由于国家宏观政策较多，这里通过产业产值变化从一定程度上反映产业结构调整。

6.2.2.2 结果分析

a. 江津区耕地变化驱动因素：为定量分析各驱动因子同耕地变化的关系，首先将数据进行标准化处理后，将其数值变为0～1之间，利用SPSS11.5进行逐步多元回归，表6-2为回归结果，通过分析回归结果得到最终回归方程。具体回归方程为：

$$Y=-0.951x_2+0.926$$

表6-2 江津区耕地同各驱动因素回归结果

模型	非标准化系数		标准化系数	T值	显著水平
	回归系数(截距)	标准误	标准化偏回归系数		
常数	0.926	0.030		30.766	0.000
非农业人口	−0.951	0.049	−0.983	−19.570	0.000

在回归过程中，只有非农业人口(x_2)进入回归方程。由此表明：1994年来，江津区耕地变化受到非农业人口因素影响明显，非农业人口数增加同耕地非农化趋势相同。可从两个方面来理解这种情况。一方面，城市的快速发展，吸引更多农村人口进入城镇，非农业人口增加，农村人口减少，农村劳动力减少，导致部分耕地流失或弃耕，耕地面积减少；另一方面，非农业人口增加，城市生活

人数增加,必然需要相应的资源来提供其生活(如住房)、工作,同时,城市人口有利于促进城市化发展,城市规模的扩大必然是大量资源(如土地资源)作为依靠的,城区内的资源有限,就使得其向周边扩张,占用周边的农业用地,使得耕地转变为城镇用地。

b. 忠县耕地变化驱动因素:对忠县 1994 年来常用耕地同各驱动因素间进行逐步多元回归发现,结果不理想,各因素均未进入到回归模型。通过直接计算常用耕地与其他因素相关系数来反映常用耕地同各驱动因素间的关联程度。表 6-3 为忠县常用耕地同各驱动因素间的相关系数,从中看出,各因素同常用耕地的相关性不显著,直接从统计数据中不能清晰地反映出忠县常用耕地变化的驱动因素。对照 1994～2007 年忠县常用耕地驱动因素统计表发现,忠县常用耕地从 1994～2003 年一直呈下降趋势,但是在 2004 年常用耕地面积急剧增加,然后再缓慢下降。由于 2004 年常用耕地面积异常增加,导致各因素与常用耕地变化相关性降低,回归结果不理想。

表 6-3 忠县耕地同各驱动因素相关系数

		Y	x_1	x_2	x_3	x_4	x_5
Y	皮尔逊相关系数	1	0.020	−0.341	0.306	−0.140	0.317
	双侧检验的概率	0.0	0.947	0.233	0.287	0.647	0.270
	样本数	14	14	14	14	13	14

		x_6	x_7	x_8	x_9	x_{10}	x_{11}
Y	皮尔逊相关系数	0.270	−0.200	−0.184	−0.236	−0.069	−0.256
	双侧检验的概率	0.397	0.493	0.567	0.416	0.816	0.377
	样本数	12	14	12	14	14	14

张群生等(2007)对 1997～2005 年忠县耕地变化进行分析指出:耕地减少的主要因素依次是生态退耕地、农业结构调整、建设用地占用与其他因素影响;耕地数量增加主要方式是土地开发整

理复垦、农业结构调整与其他类型等。虽然张群生研究的是指所有耕地，同本章节的常用耕地有一定区别，但从一定程度上仍然可以表明这一时期内，忠县常用耕地受政策性影响（农业产业结构调整、生态退耕、复耕地等）明显。20 世纪 90 年代中期，国家加大退耕还林还草的力度。湖北省、重庆市还分别实施了“青山绿水工程”，这些宏观经济政策和措施最大限度保护了耕地与林地。另外，忠县 2004 年常用耕地异常增加到 55 382 hm^2，一定程度反映人为干扰的直接影响。因此，我们初步认为 1993～2007 年忠县常用耕地变化受到政策因素的影响最为强烈。

c. 奉节县耕地变化驱动因素：表 6－4 为奉节县耕地变化与各因素间的逐步多元回归结果，在回归过程中，最先进入模型的是公路货运量，第二位的是从业人员数。最终的回归方程为：

$$Y = 0.637 - 0.859x_9 + 0.52x_3$$

表 6－4　奉节县耕地同各驱动因素回归结果

模型		非标准化系数		标准化系数	T 值	显著水平
		回归系数（截距）	标准误	标准化偏回归系数		
1	常数	0.886	0.109		8.134	0.000
	公路货运量	−0.912	0.286	−0.663	−3.189	0.007
2	常数	0.637	0.104		6.128	0.000
	公路货运量	−0.859	0.206	−0.624	−4.168	0.001
	从业人员	0.520	0.143	0.544	3.633	0.003

对于奉节县，近年来耕地变化同公路货运量的关系明显。公路货运量同耕地呈负相关，公路货运量的增长，可以理解为地方交通运输能力增加，一方面交通运输科技进步，运输工具更先进；另一方面，新修的公路里程、质量都相应增加，而交通道路的增加往往都是以占用部分耕地为代价的，这同耕地面积减少呈直接相关。同时，公路货运量增加，地区货物流通加快，社会的需求和供给增

加,反映社会经济增长迅速。经济的快速发展对非农建设用地需求加大,而这些非农建设用地的扩大基本都靠占用城镇郊区质量较高的土地,特别是耕地,这就导致城市周边的耕地锐减。

从业人员数是奉节县近年来耕地变化的第二驱动因素。人口因素对奉节县耕地变化影响明显。奉节县是4个典型区县中受三峡移民影响最大的,人口流动对土地利用方式的变化影响显著。大量三峡移民不论是向外迁移还是后靠都将使原来的建设用地被遗弃、淹没;移民后靠还将直接引起其他土地利用类型向建设用地和耕地转变。

d. 巫溪县耕地变化驱动因素分析:表6-5为巫溪县耕地变化与各驱动因素的回归结果,最终有总人口数、农林牧渔产值、粮食总产量3项因素进行到回归模型,具体的回归方程如:

$$Y = 1.315 - 3.615x_1 + 2.428x_{10} - 0.495x_7$$

表6-5 巫溪县耕地同各驱动因素回归结果

模型		非标准化系数		标准化系数	T值	显著水平
		回归系数(截距)	标准误	标准化偏回归系数		
1	常数	1.107	0.059		18.857	0.000
	总人口数	−1.277	0.109	−0.956	−11.732	0.000
2	常数	1.021	0.051		19.994	0.000
	总人口数	−2.368	0.338	−1.773	−7.008	0.000
	农林牧渔产值	1.318	0.396	0.842	3.328	0.006
3	常数	1.315	0.084		15.639	0.000
	总人口数	−3.615	0.398	−2.706	−9.072	0.000
	农林牧渔产值	2.428	0.396	1.551	6.132	0.000
	粮食总产量	−0.495	0.129	−0.339	−3.838	0.003

从回归模型看出,总人口数是近年来巫溪县耕地变化的第一驱动因素,农林牧渔产值是其第二驱动因素,粮食总产量是其第三驱动因素。人口增长是巫溪县耕地变化的最重要因素,巫溪县地

处研究区东北角，地势复杂，立地条件较差，耕地资源有限，随着人口的增加，人地矛盾更加突出；农林牧渔产值同耕地变化呈正相关，1994年来，巫溪县的耕地面积减少，粮食总产量也呈下降趋势，农林牧渔产值却增加明显。由此看出，巫溪县的产业结构调整明显，政策因素对其影响显著。这里分布有大量的坡耕地，大多坡度在25°以上，国家对大于25°的坡耕地实行退耕还林政策，2000～2001年库区还开始实行退耕还林还草政策，一方面有效改善当地生态环境，另一方面增加农民的收入，增加农林牧渔产值。

6.3 小结

土地利用/覆被变化是人与自然相互影响、相互作用的反映，对于土地利用/覆被变化的驱动因素一直是土地利用/覆被变化的研究焦点。整体上说，影响土地利用/覆被变化的因素既有海拔、坡度、地貌和土壤等自然因素，又有社会、经济等人文因素。随着人类社会与经济的快速发展，人类活动对土地利用的影响也越来越大，人文因素也逐渐成为影响土地利用/覆被变化的重要组成部分。本章分别从自然因素与人文经济等方面共同讨论了三峡库区（重庆段）20年来的土地利用/覆被变化的驱动因素，小结如下。

(1) 20年来，三峡库区（重庆段）土地利用/覆被变化与海拔高度、坡度联系紧密。耕地主要分布在中低海拔与缓坡区域；林地与草地多分布在较高海拔与坡度较大的区域；水体与建设用地多在低海拔的缓坡区域。1995年以来，整体土地利用变化剧烈，在地势较低的平坦区域，耕地减少较多，陡坡地区耕地增加明显；高海拔地区林地较大面积的增加，草地较多减少；地势较低的平坦区域水体和建设用地较大面积的增加。

(2) 三峡库区（重庆段）土地利用/覆被变化与地貌和土壤条件也密切相关。耕地多分布在低山、丘陵、喀斯特平原等地；林地则多在中低山；草地在丘陵、中山等地多有分布；建设用地在丘陵、喀斯特平原等地势较好的区域集中分布。1986～1995 年,土地利用变化在各地貌和土壤类型上变化较低,1995 年以来,土地利用变化强烈。在丘陵、中低山等地貌区土地利用变化最明显。整体上在紫色土和水稻土上土地利用变化最强,这两种土壤分布面积最广,立地条件较好,人为干扰较重。

(3) 利用人为干扰指数对比研究区不同时期的人为活动影响。库区上游与中游长江沿岸区域人为干扰较强,库区下游区县人为干扰相对较低。1986 年来,三峡库区(重庆段)整体上的人为干扰有所增加,但是幅度并不大。从空间分布看,研究初期高人为干扰的地区较集中,研究末期高人为干扰分布相对破碎,这符合景观生态学中的一定程度干扰会加剧景观破碎的基本原理。

(4) 利用 1994 年来的社会经济统计数据,对三峡库区(重庆段)境内 4 个典型区县耕地变化的驱动力进行讨论,总体上人口因素、经济发展等是耕地变化的主要影响因素,但由于各区县的空间差异,驱动因素也有所差别。江津区耕地变化主要驱动因素为非农业人口增加,非农业人口涌入城市,城市扩张明显。通过多元回归和相关性分析不能直接得出忠县常用耕地的驱动因素,通过相关数据与统计资料,初步认为政策因素的干扰是其最主要的驱动因素。研究区下游的奉节县耕地变化主要受科技进步因素与三峡移民活动为主的人口流动影响。巫溪县耕地变化第一驱动因素是总人口数,其次是以农业产业结构调整为主的政策因素。

参考文献

[1] 摆万奇,柏书琴.土地利用和覆盖变化在全球变化研究中的地位与作用.地域研究与开发,1999,18(4):13-16.

[2] 摆万奇,赵士洞.土地利用变化驱动力系统分析.资源科学,2001,23(3):39-41.

[3] 曹银贵,王静,程烨.三峡库区耕地变化研究.地理科学进展,2006,25(6):117-125.

[4] 曹银贵,王静,程烨.三峡库区土地利用变化与影响因子分析.长江流域资源与环境,2007,16(6):748-753.

[5] 陈浮,葛小平,陈刚,等.城市边缘区景观变化与人为影响的空间分异研究.地理科学,2001,21(3):210-216.

[6] 高群.三峡库区景观格局变化及其影响因素——以重庆市云阳县为例.生态学报,2005,25(10):2499-2506.

[7] 江晓波,马泽忠,曾文蓉.三峡地区土地利用/土地覆被变化及其驱动力分析.水土保持学报,2004,18(4):108-112.

[8] 姜广辉,张凤荣,张晋科,等.北京平谷区耕地面积变化及其驱动力的数理分析.土壤,2007,39(3):408-414.

[9] 李秀彬.全球环境变化研究的核心领域—土地利用/土地覆盖变化的国际动向.地理学报,1996,6(51):553-558.

[10] 刘殿伟.过去50年三江平原土地利用/覆被变化的时空特征与环境效应.长春:吉林大学博士毕业论文,2006.

[11] 邵怀勇,仙巍,杨武年.三峡库区近50年间土地利用/覆被变化.应用生态学报,2008,19(2):453-458.

[12] 史培军,江源,王静爱,等.土地利用/覆被变化与生态安全响应机制.北京:科学出版社.2004.

[13] 王静爱,赖彦斌,徐伟.NSTEC土地利用格局的人口密度变化驱动力研究向.自然资源学报,2004,1(19):21-28.

[14] 曾辉,郭庆华,喻红.东莞镇风岗镇景观人口改造活动的空间分析.生态学报,1999,19(3):298-303.

[15] 张群生,杨兴礼.耕地变化的影响因素分析——以重庆市忠县为例.安徽农学通报,2007,13(21):17,56.

[16] Hall, Upper Saddle River, 1996:197-279.

[17] Jensen J R. Introductory digital imagine processing, a remote sensing perspective. 2nd ed. Now Jersey: Prentice.

[18] Turnner Ⅱ B L, Skole D, Sanderson S. Land use and land cover change: science/research plan. Stockholm and Geneva: IGBP Report No. 35, HDP Report No. 7,1995.

7

三峡库区(重庆段)土地利用/覆被变化的生态环境效应

目前,土地利用/覆被变化(LUCC)研究是全球环境变化研究的重要组成部分。一方面,土地利用/覆被变化导致地表景观结构发生巨大变化,另一方面又影响着景观内的物质循环和能量流动,进而对景观内各重要生态过程有着显著影响。通过对 LUCC 引起的生态环境效应进行研究,不仅有助于我们了解地区生态环境变化、维持生态平衡,还对促进地区社会经济与环境的和谐发展有至关重要的意义。现有研究多侧重 LUCC 的全球变化影响与响应,对下一尺度的区域生态环境和生态过程影响的研究有所不足。通过典型区域 LUCC 生态环境效应的分析评价,对了解区域内的重要生态过程意义显著,这也是当前 LUCC 研究的重点与热点。总体来看,LUCC 的生态环境效应评价主要包括 3 大层次。其一,对区域气候、土壤条件、水文等单因素生态环境要素进行分析评价。其二,通过构建合适的评价指标(体系),综合定量评价地区 LUCC 带来的生态环境效应变化。近年来,有学者通过对土地利用类型定量赋值以评估 LUCC 的生态环境效应。其三,从景观生态学出发,分析景观格局与生态过程的相互影响机制,探讨各景观格局指数的生态意义,从景观空间格局角度评价 LUCC 的生态环境效应(彭建等,2004)。前面章节主要对三峡库区(重庆段)的土地利用/覆被变化过程、驱动因素等进行了探讨,本章分别从生态环境效应研究的3个层次出发，对三峡库区（重庆段）LUCC的生态环境效应进行初步探讨。

7.1 区域生态环境效应的单因素分析

7.1.1 生物多样性

生物多样性指一定空间范围内多种多样活有机体（动物、植物和微生物等）有规律地组成所构成稳定的生态综合体，生物多样性的高低体现了生物与环境间复杂的相互关系，也是衡量一个地区生物资源丰富程度的重要指标。生物多样性直接或间接对地区生态系统的稳定、健康和安全有重要影响（吴建国，2008）。生物多样性的高低对人类生存与发展的影响重大，它为人类生存提供了重要的物质基础。同时，地区生物多样性也受到来自地区的各种干扰的影响，既有自然条件也有人为活动因素（Hansen A. J.，2001），不同地区，自然条件和人为因素对生物多样性的影响不同。但是，近百年来，人类活动干扰对环境影响更为剧烈，是环境变化的主要影响因素（IPCC，2001）。土地利用/覆被变化是人类干扰活动的最直接反映，是全球变化的最主要驱动因素。土地利用/覆被变化对以前的生境有着不同程度的改变，从而使地区生态系统功能变化和生物栖息地受到破坏，造成地区生物多样性发生改变。

7.1.1.1 三峡库区生物多样性概况

程文海等（1998）指出，在1998年，三峡库区内调查统计的高等植物有190科，1 012属，3 012种。维管植物总数约为全国的11.04%，种子植物总数约为全国的11.43%。2003年，三峡库区维管束植物约有6 088种，包括其下等级（亚种、变种、变型）1 100多个，分别属于208科，1 428属，约占全国植物总数的20%，种子植物占全国种子植物总数的22%。幸莫权（2008）的研究表明，2008年三峡库区内约有乔木种类299属，灌木及半灌木种类约

245 属,草木类约 801 属,藤本类约 75 属,竹类 8 属。程瑞梅等 2008 年对三峡库区维管植物区系进行统计(表 7-1),结果表明三峡库区共有维管植物 208 科,1 428 属,6 088 种。由此可见,长期以来三峡库区境内具有丰富的物种资源,具有较高的生物多样性。

表 7-1 三峡库区维管植物区系统计

项　目	蕨类植物	裸子植物	被子植物	合计
三峡库区科数	38	9	161	208
中国科数	63	10	291	364
三峡库区科数占中国科数的百分比(%)	60	90	55	57
三峡库区属数	100	30	1 298	1 428
中国属数	227	34	3 135	3 396
三峡库区属数占中国属数的百分比(%)	44	88	41	42
三峡库区种数	400	88	5 600	6 088
中国种数	2 200	193	26 881	29 274
三峡库区种数占中国种数的百分比(%)	18	46	21	21

生态系统多样性是地区生物多样性的重要组成之一,三峡库区内的生态系统多样,有水域、草地、农田、森林、城镇等多种生态系统。其中,森林生态系统是最为复杂的生态系统之一。不同的来源、植物组成和地理位置的差异使得三峡库区内的森林生态系统分为多个类型。按其来源可分为原生林、次生林和人工林等;按植物组成分为 5 个植被型、9 个群系亚纲、37 个群系;按海拔由低到高分为常绿阔叶林、常绿落叶阔叶混交林、落叶阔叶林、高山灌木林、亚高山常绿针叶林、高山草甸等(程文海,1998)。森林生态系统多样性直接影响到三峡库区的生物多样性,据统计,约有93×10^4 hm^2 的森林与物种多样性和库区稳定性有直接关系,其面积约占整个库区面积的 14.95%。此外,三峡库区内有大量农用地分

布，农田生态系统也是三峡库区内一个主要生态系统类型。但是库区内人口众多，地少人多，这就导致了地区的农田耕作集约化程度较高，大多属于复合性的农业生态系统。

三峡库区地貌类型复杂、生态环境多样，这就为珍稀植物、特有植物的生存提供了场所。库区内有特有植物 42 属，102 种（胡东，1991），其中在《中国植物红皮书——珍稀濒危植物》名录中，记载有珍稀濒危植物 49 种，属国家一级保护的有 3 种，国家 2 级保护的有 22 种，国家 3 级保护的有 24 种。其中三峡库区（重庆段）范围内的有以下几种。荷叶铁线蕨（*Adiantum reniforme* var. *sinensis*）、巴东木莲（*Manglietia patungensis*）、峨眉含笑（*Michelia wilsonii*）等属于濒危级别；狭叶瓶耳小草（*Ophioglossum thermale*）、垂枝云杉（麦吊云杉）（*Picea brachytyla*）、黄杉（*Pseudotsuga sinensis*）、穗花杉（*Amentotaxus argotaenia*）、闽楠（*Phoebe bournei*）、天麻（*Gastrodia elata*）、华榛（*Corylus chinensis*）、紫茎（*Stewartia sinensis*）、延龄草（*Trillium tschonoskii*）、黄连（*Coptis chinensis*）、桢楠（楠木）（*phoebe zhenman*）属于渐危级别；银杉（*Cathaya argyrophylla*）、金钱槭（*Dipteronia sinensis*）、金钱松（*Pseudolarix amabilis*）、伯乐树（*Bretschneidera sinensis*）、银杏（*Ginkgo biloba*）、水杉（*Metasequoila glyptostroboides*）、连香树（*Cercidiphyllum japonicum*）、杜仲（*Eucommia ulmoides*）、独花兰（*Changnienia amoena*）、领春木（*Euptelea pleiospermum*）、珙桐（*Davidia involucrata*）、光叶珙桐（*Davidia involucrata* var. *vilmoriniana*）、银鹊树（*Tapiscia sinense*）、山白树（*Sinowilsonia henryi*）、香果树（*Emmenopterys henryi*）、鹅掌楸（*Liriodendron chinense*）、秃杉（*Taiwania flousiana*）和金佛山兰（*Tangtsinia nanchuanica*）属于稀有级别（翟洪波等，2006）。其中，枳属（*Poncirus*）、伞花木属（*Eurycorymbus*）、香果树属、大血藤属、钟萼木属等是第三纪中国亚热带森林区的孑遗属，是研究植物区系发展和进化重要证据（贺昌锐，1999）。

7.1.1.2　LUCC对物种多样性的影响

a. 植被演替：三峡库区的面积较大，自然地理条件复杂多样，部分地区由于地势险要，人迹罕至，受到人为活动干扰相对较轻，这些地区的植被处于一种自然演替阶段。对于演替过程中生物多样性的变化规律，前人已经做了大量的研究，且得到较一致的结论：在演替的初期，随着演替的进行，生物多样性会增加；但是在演替的后期，随着非常强的优势物种出现后，生物多样性会随之降低；物种多样性最高的时期可能位于演替的中期。

b. 森林植被破坏：三峡库区内的森林植被在空间上分布很分散，未见明显的垂直分带，部分地区的人为干扰很严重，土地利用方式的改变是主要原因。在局部地区，不合理的土地利用方式以及森林砍伐造成森林生态系统减少明显，导致生产力水平降低显著。据统计，在20世纪50年代三峡库区的森林覆盖率约为20%，到了80年代森林覆盖率下降到10%(肖文发，2004)。究其原因，历史因素占了重要部分，长期以来库区森林超额采伐现象普遍，从20世纪50～80年代，某些区县的森林覆盖面积几乎减少了1/2。如长寿区在20世纪50年代森林覆盖率约为18.5%，但是到了80年代，区内的森林覆盖率下降到了7.5%(程文海，1998)。森林覆盖率急剧降低，对森林生态系统内的生物多样性产生较强的冲击。与此同时，随着社会经济的快速发展，库区内人口快速增加，但是库区内耕地却呈减少趋势，就必然导致库区内人地矛盾突出。为了解决粮食问题，部分地方的毁林开荒等人为活动导致森林面积进一步减少。除了上述因素外，库区内多为山区，能源缺乏，经济相对落后，这也使得樵采现象较多，药材和经济作物的采集也较为频繁，乱砍滥伐的情况也时有发生(程文海，1998)；除人为活动对库区森林覆盖的影响外，森林病虫害的发生、环境污染(如酸雨等)等都对森林的动态造成影响。综合这些因素直接或间接导致这一时期库区内的森林面积快速减少，生物物种多样性变化明显。

从20世纪90年代至今，随着封山育林、退耕还林等政策法规的实行，人为干扰活动得到一定程度的约束，这个时期内库区的森林面积有所回升。特别是从2000年实行退耕还林工程以来，库区森林覆盖率增加明显。目前，三峡库区森林覆盖率在重庆段约为21.7%，在湖北段达到32%。但是，库区森林面积虽然有明显增加，退耕还林后的群落总的物种丰富度和多样性并没明显提高，森林群落内部的不同生活型的物种多样性差异明显（张晟，2006）。据肖文发（2004）统计，三峡库区内的森林植被基本情况如下：主要有阔叶林、针叶林、灌木林、竹林和人工经济林几个大类，其中阔叶林中的桢楠、栲林和麻栎（*Quercus acutissima*）林受干扰程度较高；甜槠（*Castanopsis eyrei*）、栲林和栓皮栎（*Quercus variabilis*）林人为破坏严重，结构比较简单；水青冈（*Fagus longipetiolata*）林群落结构较复杂，层次分明，干扰较严重；桦木林的砍伐较为严重。针叶林中的华山松林（*Pinus armandii*）结构较为单一，稳定性较低，受到病虫害干扰严重。灌木林中的短柄枹栎（*Quercus serrata* var. *brevipetiolata*）灌丛受到的人为干扰较严重。经济林主要有柑橘（*Citrus reticulata*）林、油茶（*Camellia oleifera*）林、茶林、乌桕（*Sapium sebiferum*）林、桑（*Morus alba*）林、漆树（*Toxicodendron verniciflum*）林和油桐（*Vernicia fordii*）林等，这些林类更多受到人为活动的支配。

c. 草地退化：总体上，三峡库区的草地面积呈减少趋势。1981～2000年，三峡库区的草地面积减少约50×10^4 hm^2。造成三峡库区草地面积退化的因素较多，张健等（2002，2005）提出，主要有过度放牧、管理水平低、人为干扰严重等。草地面积减少的同时还导致了草丛高度总体降低，成分变得恶劣，这也导致草地的生产力下降、产草量减少。从草地的分布区域来看，三峡库区内草地多分布在800 m以上的山地，这些地方具有坡度大、降水集中、水土保持能力低等特点，这就造成草地的生境出现退化，草地的生物多样性降低。

d. 消落区的影响：三峡工程的建成将会在库区长江两岸及支流形成永久性的消落区，区内的水位会出现季节性涨落。消落区的垂直高度约30 m，全长约2 000 km，总面积约为300 km^2。消落区内的动植物种类丰富多样，初步调查，有动植物约 1 800 种，占整个三峡库区动植物数量的 28%左右。三峡水库的建成对消落区内的生物多样性有所影响，其中部分珍稀植物的生境受到破坏，消落区的物种生存直接面临威胁(钟章成等，2009)。对藻类植物的影响表现在：三峡工程蓄水后，水流变缓，某些适应急流生境的藻类消失，着生于岸边的一些藻类在退水后将死亡；消落区水体容易形成富营养化，导致水中生物大量死亡；导致生物资源利用的障碍。

消落区的形成对维管植物的影响表现如下。当三峡工程 3 期蓄水完成后，淹没的水位较高，加上冬季蓄水、夏季排水的特点，不利于物种的生存，尤其是水位较深地区，许多陆生植物无法存活，只有少量的水生植物可以生存。消落区的形成对于库区岸边的草地、灌木以及森林等生态系统也会造成一定的影响，淹没区下部及中下部以草丛为主，上部则以灌木丛为主，淹没区下部和中部物种数目和物种多样性将显著降低(白宝伟，2005)。

消落区的形成对区内动物的影响表现在以下方面。三峡水库消落区面积较大，同时又具有水域、陆地、水陆交互带、库湾、河口、岛屿等多种生态环境类型，多种水生与陆生生态系统之间的物质能量传输与转换频繁，为生物提供了丰富的生存条件。这里多是候鸟、留鸟、鱼类、珍稀濒危水禽以及水生生物优良的生存与迁徙场所，也是区域物种生命活动较为活跃的区域之一(周恺，2008)。消落区的形成对库区内的陆生无脊椎动物影响相对明显，一方面，耕地减少，农作物的害虫数量会相应减少；成库后的水生环境对水生无脊椎动物有利，但其生态环境复杂程度降低，使得种类有所降低；消落区水位的变化对两栖类的生存环境造成不利影响，水体面积增加使水鸟类有明显增加，野生兽类数量相应受到影响，消落区是啮齿类动物聚集地，消落区面积增加，必然对其种类动态造成影响(钟章成等，2009)。

e. 其他干扰：三峡工程施工期间，施工作业与大量施工人员流动都会对施工区周边与库岸的植被造成破坏。同时，库区移民的重新安置，城镇的搬迁、道路的修建等众多人为活动都会破坏区域的生物多样性。近 10 年来，库区内经济快速发展、城市化进程加剧、人为的旅游活动开展等土地利用方式都会对地表的土地覆被变化造成破碎，进而对当地的生物多样性造成影响。

7.1.2 土壤侵蚀

7.1.2.1 研究区土壤侵蚀概况

区域土壤侵蚀状况是地区生态环境的一个重要组成，强烈的土壤侵蚀既是当地生态环境恶化的起因，也是生态环境恶化的表现。因此，土壤侵蚀是三峡库区(重庆段)生态环境建设中面临的一个突出问题。一方面，库区大部分区县有喀斯特地貌，喀斯特地区特殊的自然因素导致生态环境脆弱，水土流失严重，土壤侵蚀剧烈(袁道先，1988)；另一方面，不合理的土地利用方式加剧了水土流失，从而会影响地区生态过程(彭月，2008)。所以，有必要对不同土地利用方式与土壤侵蚀的关系进一步分析。本节以重庆市 2000 年土壤侵蚀数据为基本数据源，在 ArcGIS 9.3 中进行边界切割，得到三峡库区(重庆段)土壤侵蚀分布图(彩图 39)，统计各土壤侵蚀的面积与比例(表 7－2)，与同期土地利用现状图进行空间叠加，分别统计得到各土地利用类型上土壤侵蚀等级面积(表7－3)。

表 7－2 三峡库区(重庆段)土壤侵蚀概况

侵蚀等级	面积(km^2)	比例(%)
微度侵蚀	18 805.00	40.73
轻度侵蚀	9 277.348	20.09
中度侵蚀	11 055.78	23.94
强度侵蚀	5 218.68	11.30
极强度侵蚀	1 697.727	3.68
剧烈侵蚀	118.422 5	0.26
总计	46 172.95	100

表 7-3　三峡库区(重庆段)土地利用类型上土壤侵蚀分布(km^2)

	微度侵蚀	轻度侵蚀	中度侵蚀	强度侵蚀	极强度侵蚀	剧烈侵蚀
耕地	6 881.78	2 969.78	5 341.55	3 801.88	1 599.91	116.42
林地	9 644.84	4 605.63	2 873.20	884.29	38.24	1.32
草地	1 319.82	1 608.54	2 785.42	521.50	58.49	0.36
水体	615.72	62.19	9.05	0.29	0.03	0.00
建设用地	334.96	31.25	45.66	9.96	1.11	0.00
未利用地	9.26	0.00	0.32	0.03	0.00	0.25

从表 7-2 看出,研究区内微度侵蚀所占面积最大(18 805 km^2),占侵蚀区域的 40.73%,其次为中度侵蚀,占侵蚀区域的 23.94%,轻度侵蚀占 20.09%,强度侵蚀占 11.30%,极强度侵蚀和剧烈侵蚀所占比例较小。不同土地利用类型上的土壤侵蚀分布不同(表 7-3)。耕地以微度侵蚀、中度侵蚀和强度侵蚀分布较多;林地和水体以微度侵蚀较多;草地以中度侵蚀分布得最多,其次是轻度侵蚀;建设用地以微度侵蚀和中度侵蚀分布较多;未利用地除微度侵蚀外,中度侵蚀和剧烈侵蚀分布较多。为对不同土地利用类型上的综合土壤侵蚀强度进行对比,选择了土壤侵蚀强度指数来进行衡量。土壤侵蚀强度指数计算公式定义如下(王思远,2005)。

$$E_j = 100 \times \sum_{i=1}^{n} C_j \times A_j / S_j$$

式中,E_j 为第 j 单元的土壤侵蚀强度指数;C_i 为 j 单元第 i 类型土壤侵蚀强度分级值,根据土壤侵蚀由低到高分别赋值为 1,2,3,4,5,6;A_i 为第 j 单元 i 类型土壤侵蚀所占的面积;S_j 为第 j 单元所占的土地面积;n 为第 j 单元土壤侵蚀的类型总数。

这样,根据土壤侵蚀强度指数可以定性研究区域土地利用与土壤侵蚀的耦合关系。2000 年,各土地利用类型上的土壤侵蚀强度指数分别为:耕地 255、林地 173、草地 243、水体 112、建设用地 137、未利用地 120。研究区内耕地土壤侵蚀强度最高;其次是草地;水体、未利用地的土壤侵蚀较弱。研究区不同区域的土壤侵蚀差异明显,从彩图39中看出:研究区中游和下游地区土壤侵蚀强度较大,下游的奉节县、巫山县、巫溪县和开县等地,中游的武隆县、石柱县等地有较强的土壤侵蚀分布,上游地区的土壤侵蚀等级相对较低。

为进一步对不同区域土地利用类型上土壤侵蚀情况进行对比,下面以研究区4个典型区县为例,统计江津区、忠县、奉节县和巫溪县不同土地利用类型上土壤侵蚀强度。土地利用与土壤侵蚀在不同空间位置上分布差异明显(表7-4)。上游江津区内草地土壤侵蚀最强,其次是耕地,林地土壤侵蚀较低,水体和建设用地土壤侵蚀强度最低。对照地形图和坡度图等发现,江津区草地总面积较少,但是却多分布在坡度较大的地区,集中为中强度侵蚀,整体上的侵蚀强度较大;下游的奉节县和巫溪县不同土地利用类型上土壤侵蚀强度排列顺序基本一致:耕地土壤侵蚀强度最高,草地土壤侵蚀强度其次,林地土壤侵蚀强度较低。奉节县的水体、建设用地和未利用地的土壤侵蚀强度比较一致,远远低于另外3种主要土地利用类型。巫溪县的水体和建设用地土壤侵蚀强度也较低,但未利用地土壤侵蚀强度较高,达到300.00,这部分未利用地主要分布在地势较高、坡度较大的地区,由于较少植被的覆盖,导致其土壤侵蚀强度较大。忠县的情况较特殊,林地土壤侵蚀强度最大,对照其分布的卫星影像、高程和坡度图发现:这部分林地多在沟谷两边,地势较低,且郁闭度较小,多为稀疏的林地和经果林地,受人为干扰较多,景观较为破碎。耕地和草地土壤侵蚀强度略低于林地,水体和未利用地土壤侵蚀强度最低。

表7-4 三峡库区(重庆段)典型区县不同土地利用类型上土壤侵蚀强度指数

	奉节县	巫溪县	江津区	忠县
耕地	376.86	421.66	219.42	173.35
林地	205.25	146.42	143.65	185.25

续表

	奉节县	巫溪县	江津区	忠县
草地	232.20	242.35	240.91	154.74
水体	138.04	100.60	100.30	116.74
建设用地	138.53	121.75	107.65	169.76
未利用地	135.05	300.00		116.04

7.1.2.2 土地利用景观破碎化与土壤侵蚀评价

景观破碎化是指由于自然原因或人为因素导致景观破碎的程度，从景观生态格局上来看，它是描述了由连续性景观结构到景观斑块的变化过程。这个过程不仅对景观本身的结构、功能及生态过程有不同程度的影响，同时也是区域生物多样性影响的重要因素。对景观破碎化的研究也是当前景观生态学研究的热点之一。因此，在本小节我们选用破碎化指标来评价土地利用景观破碎程度与土壤侵蚀等级间的联系。

(1) 研究方法：以三峡库区(重庆段)2000 年土地利用现状数据和 2000 年土壤侵蚀数据作为基础数据。以研究区的区县为样方，共计 22 个样方。利用 ArcGIS 9.3 得到每个样方的土地利用和土壤侵蚀信息。我们选用景观斑块密度来指征样方的破碎程度(布仁仓，1999)。一般情况下，样方内斑块密度(*PD*)越大，则表明样方越趋于破碎化。选用国际流行的景观格局计算软件 Fragstat 3.3来计算每个样方内的斑块密度，这样得到一个 22×6 的土地利用景观破碎化矩阵(Au，表 7－5)；同理，计算每个样方内不同侵蚀等级所占样方的面积比，进而建立一个 22×6 的土壤侵蚀等级样方矩阵(As，表 7－6)。借助生态学中常用的双向指示种分析方法(two-way indicator species analysis，TWINSPAN)和除趋势典范对应分析(De. trended canonical correspondence analysis，DCCA)排序轴分类方法，来定量三峡库区(重庆段)境内不同土地利用景观破碎度同土壤侵蚀等级间的关系。

表 7-5 矩阵 Au

编号	区县	耕地	林地	草地	水体	建设用地	未利用地
1	巴南	0.030 9	0.143 5	0.004 4	0.010 0	0.013 9	0.000 5
2	北碚	0.059 1	0.087 5	0.008 3	0.015 4	0.044 9	0.005 3
3	长寿	0.040 2	0.029 0	0.006 2	0.007 0	0.011 4	0.000 3
4	大渡口	0.108 2	0.064 1	0.012 0	0.028 0	0.068 1	0.008 0
5	丰都	0.109 4	0.064 3	0.046 6	0.002 0	0.005 8	0.000 9
6	奉节	0.313 3	0.041 3	0.047 3	0.003 6	0.005 5	0.001 8
7	涪陵	0.146 6	0.085 2	0.076 6	0.005 8	0.008 9	0.000 2
8	江北	0.067 0	0.065 4	0.000 0	0.021 8	0.035 8	0.004 7
9	九龙坡	0.763 0	0.129 3	0.005 2	0.036 4	0.059 8	0.000 9
10	江津	0.157 2	0.210 5	0.009 4	0.006 8	0.011 5	0.000 0
11	开县	0.178 5	0.028 6	0.037 7	0.005 6	0.003 9	0.000 2
12	南岸	0.076 7	0.104 4	0.000 0	0.038 4	0.061 1	0.000 0
13	沙坪坝	0.088 1	0.100 2	0.019 7	0.030 4	0.068 4	0.000 0
14	石柱	0.189 5	0.050 0	0.070 5	0.000 7	0.003 4	0.000 0
15	万州	0.096 6	0.098 7	0.102 7	0.006 3	0.007 0	0.000 0
16	武隆	0.317 1	0.053 5	0.058 4	0.002 2	0.002 6	0.000 0
17	巫山	0.339 5	0.059 2	0.061 2	0.004 9	0.004 1	0.002 0
18	巫溪	0.257 1	0.058 2	0.056 7	0.001 9	0.003 9	0.000 3
19	渝北	0.038 5	0.040 8	0.012 6	0.012 9	0.016 5	0.000 6
20	云阳	0.216 6	0.037 9	0.039 7	0.002 2	0.003 2	0.000 1
21	渝中	0.089 9	0.040 9	0.000 0	0.024 5	0.049 0	0.000 0
22	忠县	0.072 6	0.246 0	0.099 2	0.002 0	0.007 3	0.001 3

表 7-6 矩阵 As

编号	区县	微度	轻度	中度	强度	极强度	剧烈
1	巴南	25.48	48.55	17.46	7.22	1.28	0.00
2	北碚	48.86	9.97	35.46	5.71	0.00	0.00
3	长寿	63.96	18.00	16.94	1.00	0.10	0.00
4	大渡口	53.26	27.64	17.78	1.33	0.00	0.00

续表

编号	区县	微度	轻度	中度	强度	极强度	剧烈
5	丰都	38.74	15.77	38.20	5.71	1.30	0.27
6	奉节	21.86	32.24	21.55	13.16	10.50	0.68
7	涪陵	39.22	8.62	36.03	14.30	1.78	0.05
8	江北	48.75	14.12	37.14	0.00	0.00	0.00
9	九龙坡	48.36	18.49	28.33	4.82	0.00	0.00
10	江津	48.96	26.27	23.92	0.71	0.13	0.00
11	开县	30.91	6.75	32.53	24.53	4.97	0.31
12	南岸	56.97	27.47	15.44	0.11	0.00	0.00
13	沙坪坝	66.66	15.62	13.61	3.98	0.13	0.00
14	石柱	40.15	4.77	48.13	5.79	1.15	0.00
15	万州	46.82	21.43	19.30	10.80	1.63	0.02
16	武隆	60.19	15.58	9.72	10.36	2.89	1.26
17	巫山	27.55	38.33	19.79	10.47	2.93	0.93
18	巫溪	49.12	5.80	17.98	14.76	12.22	0.12
19	渝北	41.89	21.66	35.27	1.19	0.00	0.00
20	云阳	20.68	40.01	9.22	24.66	5.43	0.00
21	渝中	82.79	8.33	8.89	0.00	0.00	0.00
22	忠县	60.59	15.58	13.04	10.46	0.33	0.00

双向指示种分析是在生态学中广泛应用于群落数量分析的软件,它是美国康奈尔大学编制的“康奈尔生态学程序(CEP)”的一个标准程序。除趋势典范对应分析排序轴分类方法结合了植被因素与环境因素,同时讨论了植物群落环境梯度和结构梯度(邱杨,2000),以此来指征生态环境与结构的空间变异性。

选用 Pcord 4 对 Au 进行双向指示种分析(TWINSPAN),完成 22 个区县样方和 6 种土地利用类型景观破碎化的聚类;采用 Canoco 软件包对 Au、As 数据进行除趋势典范对应分析(DCCA),以矩阵 Au 作为植被因素,以矩阵 As 作为环境因素,以 DCCA 排序图显示 22 个样方在空间排布的差异。通过 DCCA 与

TWINSPAN方法相结合，在DCCA排序图上划定各个类型边界，这样能较直观看出各类型间的相互关系，检验TWINSPAN分类的合理性，而各排序主轴所包含的生态学意义有助于我们解释TWINSPAN分类结果(周睿，2007)。

(2) 对三峡库区(重庆段)22个区县样方的TWINSPAN分类：根据土地利用景观的破碎化对区域内22个区县进行分类，表7-7是最终的TWINSPAN分类结果，选取第2级的分类水平可将22个区县分成4个样方群，每个样方群的土地利用类型具有相似的破碎化情况。同时，结合4个样方类群在空间位置，将其分为3个区域：农草破碎区(耕地与草地高破碎化区)、建水破碎区(建设用地与水体高破碎化区)、林地破碎区(林地高破碎化区)，分别位于研究区的东部、中部和西部(彩图40)。

表7-7　土地利用类型破碎化TWINSPAN分类结果

样方号	11　11112 4556716780	112 13092	1 493	12 2821
分组	0000000000 0000000000	00000 11111	111 000	1111 1111
类型	Ⅰ	Ⅱ	Ⅲ	Ⅳ

农草破碎区包括了第1样方类群，丰都县、奉节县、涪陵区、开县、石柱县、万州区、武隆县、巫山县、巫溪县和云阳县共10个区县。这些区县主要分布在三峡库区的中游和下游区域，受三峡工程影响较直接，这里是三峡移民的主要地区，同时经济相对欠发达(万州除外)，受人为活动干扰相对较低。这个区域内生态脆弱度较高，地势多样，地貌复杂，导致区域土地利用景观连通性较低，破碎化程度较高。自然地理条件是影响区域景观破碎化程度的主要因素。结合矩阵Au看出，该区域内的农业用地(耕地)和草地景观破碎化程度较高，其他景观类型破碎化程度最低，属农草破碎区。

建水破碎区包括第 2 样方类群和第 3 样方类群的大渡口区、九龙坡区、沙坪坝区、北碚区、渝中区、江北区和南岸区 6 个区县。该区主要分布在重庆市主城区内，是经济发展的核心区，生态脆弱度较低，人为干扰更多，景观破碎化程度较高。结合矩阵 Au 看出，该区域内的建设用地景观和水体景观破碎化程度较高，属于建设用地与水体破碎区。人为活动是影响该区景观破碎化程度的主要因素。

林地破碎区包括第 4 样方类群的巴南、长寿、渝北、江津和忠县，空间位于研究区的中部。该区的主要特点是林地破碎化程度相对较高。主要分布在重庆市都市区和渝西经济走廊区，地势相对较复杂。人为干扰活动和自然地势地貌的复杂程度都居于农草破碎区和建水破碎区之间，影响该区景观破碎化程度的因素更为多样。

从上述看出，三峡库区(重庆段)内的土地利用景观破碎化同自然地理条件和人为干扰活动都是密切相关的。在研究区东部的农草破碎区中，生态脆弱度较高，多喀斯特地貌分布，土壤侵蚀严重，自然地理条件多变，一定程度上加剧了这里的景观破碎化；而研究区西部的建水破碎区，生态脆弱度较低，人为经济活动剧烈，景观破碎化多受这些人为干扰的影响。

(3) DCCA 排序：彩图 41 为矩阵 Au 和矩阵 As 进行除趋势典范对应分析的结果。表 7 - 8 表明排序轴能较好地反映土地利用类型的破碎化与土壤侵蚀等级的关系。从中看出对应分析的特征值总和为0.416，而前面 4 个主排序轴的特征值和为 0.166，占总特征值的 39.9%，其中第一排序主轴的特征值为 0.15，占前 4 个排序主轴特征值和的 89.8%，第一排序主轴共解释了土地利用景观破碎化同土壤侵蚀等级关系的 86.1%，能够反映大多数土地利用景观破碎化与土壤侵蚀关系，是最主要的影响因素。通过对 22 个区县样方的排序二维图，也表明了变化规律主要通过第一轴来反映。

表 7-8 DCCA 排序统计总表

统计类型		轴 1	轴 2
土壤侵蚀等级与排序轴相关系数	微度	−0.496 9	0.059 0
	轻度	−0.073 0	−0.062 3
	中度	0.129 6	−0.032 9
	强度	0.668 0	0.109 8
	极强度	0.565 3	−0.130 4
	剧烈	0.516 0	−0.210 9
土壤侵蚀等级与排序轴典范系数	微度	−0.601 2	0.164 6
	轻度	−0.089 0	−0.173 9
	中度	0.156 8	−0.091 9
	强度	0.808 3	0.306 4
	极强度	0.684 1	−0.363 9
	剧烈	0.625 1	−0.574 2
土地利用类型与土壤侵蚀等级相关系数		0.826 0	0.358 0
特征值		0.150	0.011
积累解释量		86.1	95.7

二维排序图中的各箭头分别代表了研究区各土壤侵蚀等级，而它的长短则表示与土地利用景观破碎化相关性的大小。从中看出，强度侵蚀等级(14)的箭头连线最长，其次是极强度侵蚀等级(15)，然后是剧烈侵蚀等级(16)。强度侵蚀等级同土地利用景观破碎化的相关性最高，其次是极强度侵蚀等级和剧烈侵蚀等级。每个土壤侵蚀等级箭头连线与排序轴的斜率代表了各土壤侵蚀等级与其排序轴相关性的高低。从图与表都可明显看出强度侵蚀等级、极强度侵蚀等级和剧烈侵蚀等级与第一排序轴的相关性最高，其相关系数分别为 0.668 0、0.565 3 和 0.516 0。从土壤侵蚀等级连线箭头所在的象限可以反映出各土壤侵蚀等级与各排序轴间的正负关系(周睿，2007)，强度侵蚀等级、极强度侵蚀等级和剧烈侵蚀等级都位于第一象限，与第一排序轴呈正相关。上述表明，第一

排序轴的生态学意义较为明显,代表了较强的土壤侵蚀等级引起的土地利用景观破碎化,从左往右土壤侵蚀等级逐渐增加。较强的土壤侵蚀等级会增加土地利用景观的破碎化,但是当土壤侵蚀超过某个等级时,其加剧土地利用景观破碎化的作用反而有所降低,如强度侵蚀等级加剧土地利用景观破碎能力最高,其次是极强度侵蚀等级和剧烈侵蚀等级。

22个区县样方在二维排序图中分布格局同前TWINSPAN分类结果比较一致。结合各区县样方的空间位置,从东向西将其分为3个区域,分别对应农草破碎区、林地破碎区和建水破碎区,从东向西,土壤侵蚀强度依次降低。从各区边界划分来看,最东边的农草破碎区中各区县样方较为集中,界线清晰,而中部和西部的林地破碎区和建水破碎区有部分区县样方有所重叠,边界划分并不太理想,这也表明其中关系更为复杂。

上述分析了三峡库区(重庆段)22个区县的土地利用景观破碎化的分类,并对其与土壤侵蚀等级的联系进行了重点分析。22个区县根据土地利用景观破碎化程度划分为4个样方群,结合其空间位置,人为将22个区县划分为3个土地利用类型高破碎区,从东往西分别为农草破碎区、林地破碎区和建水破碎区。土壤侵蚀等级从东向西依次减弱。利用DCCA分析发现,研究区内较高的土壤侵蚀等级与土地利用景观破碎化有显著相关,较强的土壤侵蚀等级能够增加土地利用景观破碎化,但是其加剧土地利用景观破碎化的强度同土壤侵蚀等级呈相反趋势,强度侵蚀等级最高,极强度侵蚀其次,剧烈侵蚀低于前两者。对于这种情况,结合景观生态学原理可以理解为:将土壤侵蚀视为一种外界干扰,土壤侵蚀等级越高则干扰能力越大。在一定的外界干扰下,会增加景观的破碎化,但是外界干扰超过一定程度时,较大的干扰会降低景观的破碎化(傅伯杰,2001)。

7.2 土地利用/覆被的景观变化

为了对比研究期以来各土地利用/覆被类型的景观差异,分别从景观数量、形状和异质性上选择相应景观格局指数(斑块密度、景观丰富度、分维数、香农多样性和香农均匀度)进行分析。

从表7－9可以看出:1986～2007年,三峡库区(重庆段)、巫溪县和奉节县的斑块密度变化趋势基本相同,先减少后增加,景观破碎化程度先降低后增加。江津区和忠县的斑块密度变化趋势与之相反,景观破碎化程度先增加后减少。从数值看,忠县和奉节县景观斑块密度较大,江津区和巫溪县景观斑块密度较小,整体上忠县和奉节县景观破碎化程度较高,江津区和巫溪县景观破碎化程度较低,但是4区县的景观破碎化程度都高于三峡库区(重庆段);以景观类型数代表景观丰富度,江津区的土地利用/覆被类型只有5类,景观丰富度略低,其他4个区域的景观丰富度为6,在研究期内未有明显变化;三峡库区(重庆段)景观斑块分维指数持续减小,斑块形状越来越规则,江津区和奉节县景观斑块分维指数先增加后减小,其斑块形状相应先复杂后规则化,忠县和巫溪县则与之相反,景观斑块形状先规则后越来越复杂。

表7－9　研究区景观格局指数

景观指数	研究区域	研究期(年份)			
		1986	1995	2000	2007
斑块密度	三峡库区(重庆段)	0.1839	0.1811	0.1810	0.1851
	江津区	0.3980	0.4013	0.3953	0.3605
	忠县	0.4414	0.4404	0.4640	0.4582
	巫溪县	0.3849	0.3797	0.3780	0.3954
	奉节县	0.4089	0.4065	0.4129	0.4167
景观丰富度	三峡库区(重庆段)	6	6	6	6
	江津区	5	5	5	5
	忠县	6	6	6	5
	巫溪县	6	6	6	6

续表

景观指数	研究区域	研究期(年份)			
		1986	1995	2000	2007
景观丰富度	奉节县	6	6	6	6
分维数	三峡库区(重庆段)	1.115 3	1.114 8	1.114 7	1.111 5
	江津区	1.092 7	1.092 6	1.092 3	1.092 8
	忠县	1.102 4	1.102 6	1.102 0	1.100 0
	巫溪县	1.126 9	1.127 0	1.125 9	1.123 6
	奉节县	1.119 9	1.119 6	1.118 7	1.118 8
香农多样性	三峡库区(重庆段)	1.100 4	1.096 3	1.105 9	1.125 9
	江津区	0.882 7	0.884 5	0.860 3	0.891 1
	忠县	0.949 4	0.950 9	0.961 4	1.005 1
	巫溪县	0.946 8	0.948 1	0.966 1	0.982 3
	奉节县	1.083 9	1.081 0	1.089 2	1.122 1
香农均匀度	三峡库区(重庆段)	0.614 2	0.611 9	0.617 2	0.628 4
	江津区	0.548 5	0.549 6	0.534 6	0.553 7
	忠县	0.529 9	0.530 7	0.536 6	0.624 5
	巫溪县	0.528 4	0.529 1	0.539 2	0.548 2
	奉节县	0.605 0	0.603 3	0.607 9	0.626 2

三峡库区(重庆段)的香农多样性指数与香农均匀度指数先下降后明显增高,其景观多样性和均匀度也经历相应的变化趋势,整体上景观异质性轻微下降后再明显增加,景观稳定性也越来越高。江津区的香农多样性指数和香农均匀度指数变化较复杂,经历了增加—减小—增加的过程,整体上 2007 年后景观多样性更高,斑块分布均匀,异质性更高,景观更稳定。忠县和巫溪县的情况一致,景观多样性和景观均匀度持续增强,景观越来越稳定。奉节县情况同整个研究区相似。对比 1986 年和 2007 年的景观多样性和景观均匀度,2007 年值都高于 1986 年,景观异质性都增加,稳定

性更高。

7.3　土地利用/覆被变化的生态系统服务价值与生态风险分析

7.3.1　三峡库区(重庆段)生态系统服务价值估算

生态系统是生物圈的重要组成部分，是地球的生命保障系统，也是维系人类生存和发展的重要基础。生态系统服务既为全球人类的生产生活提供物质来源，也为整个生命系统的维持提供必需的自然条件和效用(何浩等，2005)。一般意义上说，生态系统服务是指借助于生态系统的格局、动态过程及其特殊的功能获得支持生命的产品和服务，各类自然资产含有多种价值，这些价值与生态系统服务功能相互适应，相互影响(Costanza R. 等，1997；Repetto R.，1992)。因此，有必要对这些自然资产的价值进行正确的评估，评估的方法和技术就显得尤为重要，探索和研究不同的环境价值评估技术也成为全球变化研究的重要方向之一(Serafy S.，1998；黄兴文等，1999；欧阳志云等，1999；蒋延玲等，1999；谢高地等，2003)，用市场估值法和消费者支付意愿法来评估环境价值是人们通常选用的 2 种方法，这对快速、准确和动态地了解整个国家生态系统效益的价值，合理地发展国民经济生产，有效地进行相应的生态环境建设与保护，各级政府进行宏观决策都具有重要的科学意义和现实意义(何浩等，2005)。

在本小节中，我们选用常规的生态系统服务价值指数，定量地对比不同土地覆被下各地区生态系统服务功能的高低。应用 Costanza 等提出的全球生态系统价值估算方法来计算三峡库区(重庆段)及 4 个典型区县(巫溪县、奉节县、忠县和江津区)的生态系统服务价值指数。同时，不同的生态系统中的土地覆被类型差别明显，这就导致了其生态系统服务价值上差异较大，谢高地等(2003)结合我国的实际情况，对全球生态系统服务价值方法进行了修正，得到了较合理的中国陆地生态系统的生态价值指数估算方法。

本研究中，为了计算的方便，我们将研究区内生态服务价值较低的未利用地的相对价值设为1，结合彭建等(2006)研究成果，将研究区单位面积生态系统服务价值标准进行一定的修正(表7-10)，建设用地生态服务价值近似为0，裸岩、荒漠等纳入未利用地计算。

表7-10 不同生态系统单位面积的生态服务价值[元/(hm²·年)]

服务类型	森林	草地	耕地	水体	未利用地
气体调节	3 097.0	707.9	442.4	0.0	0.0
气候调节	2 389.1	794.6	787.5	407.0	0.0
水源涵养	2 381.5	707.9	530.9	180 332.2	26.5
土壤形成与保护	3 450.9	1 745.5	1 291.9	8.8	17.7
废物处理	1 159.2	1 159.2	1 451.2	16 086.6	8.8
生物多样性保护	2 884.6	964.5	628.2	2 203.3	300.8
食物生产	88.5	265.5	884.9	88.5	8.8
原材料	2 300.6	44.2	88.5	8.8	0.0
娱乐文化	1 132.6	35.4	8.8	3 840.2	8.8
合计	19 334.0	6 404.7	6 114.3	202 975.4	371.4
相对价值	52.0	17.0	16.0	547.0	1.0

注：本表生态服务价值根据谢高地(2003)、彭建(2006)等的研究结果修正。

生态系统服务价值指数具体公式为：

$$EV_i = v_i \times r_i$$

$$EVI = \sum_{i=1}^{m} (v_i \times r_i)$$

式中，EV_i 是第 i 种土地利用类型的生态系统服务价值指数；EVI 是整个研究区的生态系统服务价值指数；v_i 是某一土地利用类型的相对生态系统服务价值；r_i 是第 i 种土地利用类型在整个研究区中的面积百分比；m 是土地利用类型的数量。

表7－11为三峡库区(重庆段)以及4个典型区县的生态系统服务价值指数。2007年后的生态系统服务价值以第五章马尔科夫模型预测的各期土地利用/覆被类型面积为基础作近似模拟。从表7－11看出,2007年,三峡库区(重庆段)的相对生态系统服务价值为41.46,江津区的生态系统服务价值最高,其次是忠县和奉节县,巫溪县的相对生态系统服务价值最低。到模拟的5584年,三峡库区(重庆段)和4个区县的相对生态系统服务价值都表现为增加,其中忠县和奉节县的相对生态系统服务价值增加明显。第一时段相对变化较低,第二时段各区域的相对生态系统服务价值增加明显。结合土地利用/覆被类型变化发现,由于区内的林地、水体等生态系统服务价值指数较高的类型面积增加,使得第二时段生态系统服务价值增加明显,这表明了1995年后,由于在控制人口增长、经济发展促使下的农村劳动力转移、严格有力的生态环境保护等措施的实施,使得整个区域的生态环境质量开始向好的方向发展。

表7－11　三峡库区(重庆段)及典型区县生态系统服务价值指数

年份	江津	忠县	奉节	巫溪	三峡库区(重庆段)
1986	49.03	41.04	37.69	38.90	42.20
1995	48.97	41.07	37.93	38.94	38.06
2000	49.16	41.01	37.64	38.53	37.96
2007	50.76	46.62	42.05	40.43	41.46
2014	52.04	51.44	46.03	41.09	42.25
2028	53.89	59.75	52.75	41.55	44.16
2056	55.60	72.74	62.28	41.86	51.32
2112	56.32	90.19	71.94	42.00	54.62
…	…	…	…	…	…
5584	56.40	118.92	78.14	42.02	55.17

从2007～5584年,各区域的相对生态系统服务价值指数都增加,到模拟的5584年,忠县的相对生态系统服务价值为118.92,

远远高于其他区县;其次为奉节县,为 78.14;巫溪县的相对生态系统服务价值最低,为 42.02。表明三峡库区(重庆段)及典型区县的土地利用具有较明显的可持续性。

7.3.2 三峡库区(重庆段)生态风险程度空间分析

生态风险(ecological risk, ER)指的是某一个种群、生态系统或景观的生态功能受到外界干扰的胁迫,导致生态系统内部某些生态因素或生态系统的健康、生产力水平、遗传结构、经济价值和美学价值减弱的一种状况(Mc Daniels T. 等,1995;李国旗等,1999;臧淑英等,2005)。对生态风险的研究需要结合多个学科的专业知识,在地理信息系统(GIS)、遥感技术(RS)和全球卫星定位系统(GPS)等先进技术支撑下,对区域进行生态风险评价,以此来为区域风险管理提供理论基础和技术支持。

我们选用生态风险指数描述区域内的综合生态风险大小(曾辉等,1999)。首先,建立各土地利用类型与区域生态风险之间的经验联系,再利用各种土地利用类型的面积比例,构建各土地利用类型的生态风险指数(ERI)。

具体计算公式为:

$$ERI = \sum_{i=1}^{m} \frac{A_i W_i}{A}$$

式中,i 代表各种土地利用类型;A_i 代表样本区域内第 i 种土地利用类型的总面积;A 为样本区的土地总面积;W_i 代表第 i 种土地利用类型的生态风险强度系数。本研究中的生态风险强度权重系数参照了曾辉等(1999)成果,结合研究区实际情况作适当修正,最终确定不同土地利用类型生态风险权重系数为:水体0.18,林地 0.10,城镇 0.69,耕地 0.31,草地 0.20,未利用地 0.109。

利用研究区 4 期土地利用数据(1986 年、1995 年、2000 年和 2007 年)得到三峡库区(重庆段)与 4 个典型区县的生态风险指数(1986~2007 年),结合马尔科夫模型模拟预测的未来土地利用/

覆被类型面积得到研究区未来的生态风险指数(表 7-12)。从表看出,1986 年来,三峡库区(重庆段)及 4 个典型区县的生态风险变化。①对于三峡库区(重庆段),1986～2007 年,生态风险指数增加,风险程度增强,2007 年后生态风险指数增加后有所降低。整体来看三峡库区(重庆段)的生态风险程度先增加后降低。②4 个典型区县的生态风险指数对比,2007 年,忠县的生态风险指数最高,其次是江津区,巫溪县的生态风险指数最低。4 个区县的生态风险指数在 2007 年后呈降低趋势,生态风险程度减弱。

表 7-12　三峡库区(重庆段)及典型区县生态风险指数比较

年份	江津区	忠县	奉节县	巫溪县	三峡库区(重庆段)
1986	20.16	23.58	18.39	17.15	21.20
1995	20.27	23.56	18.33	17.12	21.30
2000	20.20	23.66	18.42	17.24	21.44
2007	19.99	23.09	18.49	17.30	21.54
2014	19.83	22.68	18.50	17.32	24.79
2028	19.60	22.16	18.50	17.32	23.40
…	…	…	…	…	…
2896	19.33	21.26	18.45	17.24	22.10

为了更详细地描述研究区内生态风险情况的空间分布,选用 5 km×5 km 的单元作为基本栅格,计算出每个基本单元的生态风险指数。以每个单元的中心位置生成点数据,将单元的生态风险值赋在点数据上。通过 ArcGIS 9.3 的 Geostatistical Analyst(地统计模块),选择相对合适的模型进行表面模拟预测,得出研究区 1986 年与 2007 年的生态风险程度空间分布图,从图中可以更直观地发现三峡库区(重庆段)的生态风险空间分布概况(彩图 42,彩图 43)。

对比发现 1986～2007 年三峡库区(重庆段)的生态风险指数分布有一定相似性。研究区上游和中游地区的生态风险高于研究区下游地区;而在高生态风险分布区内,靠近长江的地区生态风险相对较高。1986～2007年,研究区的生态风险强度最高值由1986年的52.1减少到2007年的41.2,空间上,1986年的高生态风险区域更为集中,在研究区中上游的重庆市主城区、涪陵区和万州区等有成片的分布,2007年的高生态风险区域分布较1986年更为破碎,研究区上游重庆市主城区较为明显。2007年研究区下游地区的高生态风险指数单元明显增多,特别是在云阳县、奉节县和巫山县更集中。3个区县离三峡大坝较近,长江从中经过,受三峡工程直接影响较多,出现高生态风险指数的单元分布,整体上从1986以来三峡库区(重庆段)下游地区的生态风险程度增强。

利用ArcGIS 9.3对两期生态风险数据进行分级,分级标准为低生态风险区($ERI<20$)、中生态风险区($20<ERI<25$)、高生态风险区($25<ERI<30$)、强生态风险区($ERI>30$),得到1986年和2007年的生态风险区分布图(彩图44,彩图45)。通过计算各生态风险区面积变化定量反映生态风险的空间变化。1986年,低生态风险区面积20 206.75 km^2,中生态风险区面积16 756.5 km^2,高生态风险区面积7 759.5 km^2,强生态风险区面积770.25 km^2;2007年,低生态风险区面积18 659.75 km^2,中生态风险区面积18 169.25 km^2,高生态风险区面积8 129 km^2,强生态风险区面积535 km^2。低生态风险区面积减少1 547 km^2,中生态风险区面积增加1 412.75 km^2,高生态风险区面积增加369.5 km^2,强生态风险区面积减少2 325.25 km^2。整体上,最低和最高生态风险级别都减少,而中等的生态风险级别面积增加。从空间变化来看,强度生态风险区由研究上游地区的重庆市主城区转移到研究区中游地区,研究区下游地区的生态风险级别增加明显。

7.4 小结

本章分别从生态环境效应研究的三个层次出发,对三峡库区生物多样性变化、土壤侵蚀、景观变化、生态系统服务价值和生态风险等方面对三峡库区(重庆段)土地利用/覆被变化的生态环境效应进行了评价,现小结如下。

(1) 从单因素的生态环境效应来看具有以下特征。①研究区内生物多样性较高,生态系统类型多样。土地利用/覆被变化对生物多样性影响明显,20 世纪 50 年代到 80 年代末,森林植被受破坏严重,生物多样性下降,90 年代以来,森林面积增加,但生物物种多样性未明显增加;草地面积减少,草地内生物多样性降低;三峡工程蓄水形成的消落区会冲击藻类植物、维管植物的生存环境,但也为水生生物提供了多样的生存条件;工程施工、库区移民安置、快速城市化发展以及人为旅游等活动等都对区内生态环境造成干扰,从而影响区内生物物种多样性。②土地利用方式的不同对土壤侵蚀影响差异明显。耕地的土壤侵蚀最高,草地土壤侵蚀较高,林地土壤侵蚀较轻。空间尺度上存在明显差异,库区下游的区县耕地土壤侵蚀最高,其次是草地,林地较低;上游的江津区内草地土壤侵蚀强度最高,中游的忠县林地土壤侵蚀强度最大。引入生物学中常用的分类评价方法,以各区县为样方,根据土地利用类型破碎化情况对各区县进行分类,空间上分属东、中和西 3 个地区,土壤侵蚀由东向西减弱,分别对应着农草破碎区、林地破碎区和建水破碎区。较强的土壤侵蚀会增加土地利用破碎程度,但是其加剧土地利用景观破碎化的速率同土壤侵蚀级别相反。

(2) 分别从景观数量、形状和异质性上选择了斑块密度、斑块分维数、景观丰富度、香农多样性指数、香农均匀度等指数,对研究区 20 年来的景观变化进行了对比分析。①三峡库区(重庆段)景观异质性先轻微下降后明显增加,整体上景观越来越稳定,抵抗外界干扰的能力增加。②忠县和奉节县的景观异质性持续增加,景观越来越稳定,奉节县景观异质性变化同三峡库区(重庆段)变化的趋势一致;江津区的景观异质性变化更为复杂,经历了增加—减少—增加的趋势,2007 年景观异质性更高。③景观变化表明,三峡库区(重庆段)及 4 个典型区县的景观异质性 2007 年都很高,相对景观稳定性越来越高。

(3) 借助生态系统服务价值模型与生态风险指数对研究区的生态环境效应进行综合评价。①1986～1995 年的生态系统服务价值变化速率小于 1995～2007 年,2007 年三峡库区(重庆段)的生态系统服务价值较小,4 个典型区县的生态系统服务价值较高。2007 年以后,三峡库区(重庆段)及 4 个典型区县的生态系统服务价值都持续增加,表明三峡库区(重庆段)的土地利用具有较明显的可持续性。②库区上游和中游地区的生态风险高于库区下游地区,在高生态风险区里,在近长江地区的生态风险更高;从 1986～2007 年,三峡库区(重庆段)的生态风险整体上有所增强,库区上游(如重庆市主城区)的高生态风险区呈现更高破碎化,但在库区下游地区(如云阳县、奉节县和巫溪县),高生态风险区域增多,下游地区的生态风险程度增加。20 年来,强生态风险区逐渐从研究区的上游地区向中游地区转移。

参 考 文 献

[1] 白宝伟,王海洋,李先源.三峡库区淹没区与自然消落区现存植被的比较.西南农业大学学报(自然科学版),2005,27(5):684-691.

[2] 布仁仓,王宪礼,肖笃宁.黄河三角洲景观组分判定与景观破碎化分析.应用生态学报,1999,10(3):321-324.

[3] 程瑞梅.三峡库区森林植物多样性研究.北京:中国林业科学研究院博士学位论文,2008.

[4] 程文海,肖文发,蒋有绪.三峡库区植物多样性特点及其保护.环境与开发,1998,13(3):19-21.

[5] 傅伯杰,陈利顶,马克明,等.景观生态学原理及应用.北京:科学出版社,2001.

[6] 何浩,潘耀忠,朱文泉,等.中国陆地生态系统服务价值测量.应用生态学报,2005,6(16):1122-1127.

[7] 贺昌锐,陈芳清.长江三峡库区分布的中国种子植物特有属.广西植物,1999,19(1):43-46.

[8] 胡东.长江三峡库区的植物资源.北京师范学院学报(自然科学版),1991,12(4):74-77.
[9] 黄兴文,陈百明.中国生态资产区划的理论与应用.生态学报,1999,19(5):602-606.
[10] 蒋延玲,周广胜.中国主要森林生态系统公益的评估.植物生态学报,1999,23(5):426-432.
[11] 李国旗,安树青,陈兴龙,等.生态风险研究述评.生态学杂志,1999,18(4):57-64.
[12] 刘祥梅.三峡库区的气候评价及近54年来的气候变化.重庆:西南大学硕士学位论文,2007.
[13] 欧阳志云,王效科,苗鸿.中国陆地生态系统服务功能及其生态经济价值的初步研究.生态学报,1999,19(5):607-613.
[14] 彭建,王仰麟,张源,等.滇西北生态脆弱区土地利用变化及其生态效应.地理学报,2004,59(4):629-638.
[15] 彭建.喀斯特生态脆弱区土地利用/覆被变化研究.北京:北京大学博士毕业论文,2006.
[16] 彭月,王建力,魏虹,等.重庆市岩溶区县土地利用景观破碎化及土壤侵蚀影响评估.中国岩溶,2008,27(3):246-254.
[17] 邱杨,张金屯.DCCA排序轴分类及其在关帝山八水沟植物群落生态梯度分析中的应用.生态学报,2000,20(2):199-206.
[18] 王思远,王光谦,陈志祥.黄河流域土地利用与土壤侵蚀的耦合关系.自然灾害学报,2005,14(1):32-37.
[19] 吴建国,吕佳佳.土地利用变化对生物多样性的影响.生态环境,2008,17(3):1276-1281.
[20] 肖文发,雷静品.三峡库区森林植被恢复与可持续经营研究.长江流域资源与环境,2004,13(2):138-143.
[21] 谢高地,鲁春霞,冷允法.青藏高原生态资产的价值评估.自然资源学报,2003,18(2):189-196.
[22] 幸奠权.三峡库区植物资源及保护.四川林业科技,2008,29(2):80-83.
[23] 袁道先,蔡桂鸿.岩溶环境学.重庆:重庆出版社,1988,93-96.
[24] 臧淑英,梁欣,张思冲.基于GIS的大庆市土地利用生态风险分析.自然灾害学报,2005,14(4):141-145.

[25] 曾辉,刘国军.基于景观结构的区域生态风险分析.中国环境科学,1999,19(5):454-457.
[26] 翟洪波,赵义迁,魏晓霞.三峡库区濒危植物资源保护对策.生态学杂志,2006,25(3):323-326.
[27] 张健,黄勇富,粟剑.三峡库区草地资源特点与开发利用.中国草地,2002,24(4):64-67.
[28] 张健,黄勇富.三峡库区草地退化现状及其综合治理.四川草原,2005,2:52-54.
[29] 张晟,李先源,黎莉莉.三峡库区退耕还林后植物多样性研究.环境科学与管理,2006,31(8):104-107.
[30] 钟章成,齐代华.三峡库区消落带生物多样与图谱.重庆:西南师范大学出版社,2009.
[31] 周恺.重庆三峡库区消落带湿地的保护与利用.湿地中国,2008.
[32] 周睿,胡玉吉,熊颖.岷江上游河岸带土地覆盖格局及其生态学解释.植物生态学报,2007,31(1):2-10.
[33] Costanza R, Arge R, Groot R, et al. The value of the world's ecosystem services and natural capital. Nature, 1997, 386: 253-260.
[34] Hansen A J, Neilson R P, Dale V H, et al. Global change in forests: response of species. Communities and Biomes, 2001, 51:765-779.
[35] IPCC, Intergovernmental panel on climate change 2001: the intergovernmental pale on climate change scientific assessment. Cambridge: Cambridge university Press, 2001.
[36] Mc Daniels T, et al. Characterizing perception of ecological risk. Risk Anal, 1995,15(5):575-588.
[37] Repetto R. Accounting for environmental assets. Scientific American, 1992:64-70.
[38] Serafy S. Pricing the invaluable: the value of the world's ecosystem services and natural capital. Ecological Economics, 1998,25:25-27.

8

结论与展望

8.1 结论

三峡库区土地利用/覆被变化研究是三峡库区生态环境变化研究的基础。通过对区域土地利用/覆被变化进行动态分析,可以反映库区生态环境的自然演替过程与地区人类的干扰活动,特别是库区内严峻的人地矛盾、植被变化和水土流失等生态问题。因此,本研究以三峡库区(重庆段)为主要研究区域,同时选择了 4 个差异明显的区县,以 GIS 与 RS 技术为主要支持,结合地理学与生物学中的研究方法,分别从不同的时间尺度与空间尺度对比分析了三峡库区(重庆段)的土地利用/覆被变化现状、动态过程、驱动机制及其生态环境效应。

8.1.1 三峡库区(重庆段)土地利用现状

三峡库区(重庆段)幅员辽阔,面积约为 46 173 km^2,土地利用类型多样,其中耕地和林地是主要土地利用类型,耕地主要为水田和旱地,旱地居主要地位。林地由有林地、疏林地、灌木林地和其他林地 4 种类型组成,三峡库区(重庆段)林地以有林地为主。各区县由于空间差异,区内主要土地利用类型不一样,巫溪县和奉节县土地利用类型以林地为主,其中巫溪县的林地组成主要为有林地,奉节县林地组成主要为疏林地,忠县土地利用类型以耕地为主,江津区的土地利用类型主要为林地和耕地。江津区和忠县境内林地组成中,经济林分布较多。三峡库区(重庆段)的土地利用类型空间组合特征差异明显,主要体现在:库区下游地区的土地利用类型多样化高于上游地区;区县土地利用程度空间差异突出,大渡口区、南岸区、云阳县土地利用类型多样化最高,渝中区的土地利用类型多样化最低。三峡库区(重庆段)境内土地利用程度的空间差别分明,库区上游和中游近长江地区的土地利用程度普遍较高,而库区下游地区,地势更为复杂多样,土地利用程度更低。

8.1.2 三峡库区(重庆段)土地利用/覆被变化动态

20 世纪 80 年代中期以来,三峡库区(重庆段)耕地先增加后减少,林地先减少后增加,草地和未利用地的面积持续减少,水体与建设用地面积则持续增加。4 个区县的土地利用/覆被类型动态差别明显。整体来看,库区上游江津区的土地利用类型变化趋势同三峡库区(重庆段)较一致,其次是库区中游的忠县,而库区下游的奉节县和巫溪县同三峡库区(重庆段)土地利用/覆被类型变化趋势有明显差异。从土地利用/覆被类型变化的数量上看,三峡库区(重庆段)的耕地、林地和草地相对变化率更高,空间分布较分散,但是水体和建设用地强烈变化的区域更集中。利用不同卫星影像,真实反映了 20 世纪 90 年代、2000 年与 2007 年 3 个时期的森林景观动态演替、耕地与草地景观转变、城区的快速扩张和新城镇的兴起 4 种不同的土地利用/覆被变化过程。

根据 1995～2007 年的土地利用/覆被变化趋势,利用马尔科夫模型模拟了三峡库区(重庆段)以及 4 个典型区县的土地利用/覆被变化:三峡库区(重庆段)耕地和草地面积减少,林地、水体和建设用地面积保持增加。江津区和忠县的土地利用/覆被变化趋势同三峡库区(重庆段)相似,下游的奉节县和巫溪县的土地利用/覆被变化趋势差别明显,奉节县的耕地、林地和草地面积持续减少,水体和建设用地面积增加;巫溪县的耕地、林地、水体和建设用地面积都保持增加，但草地面积大幅度减少。

对研究区2种主要土地利用/覆被类型变化进一步分析，通过垦殖指数来定量耕地的变化。1986～1995年，研究区垦殖指数变化较小，耕地变化不明显；1995～2007年，垦殖指数明显增加，在空间上差别显著，库区上游的重庆市主城区负增长强烈，而中下游的开县、武隆县和巫山县等地正增长明显。4个典型区县的耕地变化同三峡库区（重庆段）较一致。从数量上看，库区上游的江津区和忠县的耕地变化比下游地区的奉节县和巫溪县更强。林地强烈变化的区域集中在研究区的东部、南部和西北部。地势较高的山地，林地变化主要为正向变化，林地面积增加明显，而林地负向变化在库区上游、中游和下游都有广泛分布。

8.1.3 三峡库区（重庆段）土地利用/覆被动态变化的驱动因素

土地利用/覆被变化的影响因素众多，本研究主要从海拔、坡度、土壤类型等自然因素，以及社会、经济、政策等人为因素出发，对比分析三峡库区（重庆段）不同区域的土地利用/覆被变化驱动因素的差异。

不同自然因素与土地利用/覆被变化相互影响。海拔与坡度同土地利用/覆被变化联系紧密，耕地多分布在中低海拔的缓坡区；林地与草地与之相反；水体与建设用地分布的海拔与坡度都较低。1995年以来，耕地的变化最强烈，低海拔平坦地区的耕地减少较多，而陡坡耕地有所增加；高海拔地区的林地大幅度增加，草地减少；水体和建设用地大面积增加。土地利用/覆被类型分布在不同的地貌类型中，耕地多在低山、丘陵和喀斯特平原，林地在中低山分布最多，草地在丘陵与中低山分布较多，建设用地多集中在丘陵与喀斯特平原。在紫色土、黄壤、水稻土等土壤上土地利用/覆被类型较多。1986～1995年，不同地貌类型与土壤类型上的土地利用/覆被变化都不明显，1995年以来，土地利用/覆被变化明显加快。在丘陵与中低山地貌类型上，土地利用变化明显，紫色土与水稻土分布面积最广，立地条件较好，人为干扰较重，土地利用变化强烈。

长期以来，三峡库区（重庆段）土地利用/覆被变化受到人口压力、经济发展、科技进步等众多因素的影响，由于空间不同，不同地区的土地利用/覆被变化的驱动因素也有差异，本研究利用 1994～2008 年的统计数据为基础，通过多元回归与相关性分析等方法对比了三峡库区（重庆段）境内 4 个典型区县耕地变化的主要驱动因素。江津区在研究区上游，经济发展最快，耕地变化主要驱动力为非农业人口快速增长带来的压力，非农业人口增加，必然带来城市人口大幅度增加，推动城市化的加剧。库区下游奉节县的耕地变化主要受科技进步因素与以三峡移民活动为主的人口流动影响。总人口数是巫溪县耕地变化第一驱动因素，其次是以农业产业结构调整为主的政策因素。忠县位于库区中游，政策因素的影响最为强烈。

8.1.4 三峡库区(重庆段)土地利用/覆被变化的生态环境效应

本研究分别从单因素与多因素两方面讨论了三峡库区（重庆段）土地利用/覆被变化的生态环境效应。三峡库区是我国生物多样性较高的区域之一，其土地利用/覆被变化对生物多样性影响明显，20 世纪 80 年代末以前，森林植被破坏较严重，生物多样性降低，90 年代以来，森林面积有所恢复，但生物多样性并未见明显恢复。草地面积减少，区内生物多样性减少。建设工程施工、三峡移民、城市化等人为活动都影响着区内的生物多样性。三峡工程蓄水形成的消落区一方面对水域内的藻类、维管植物会有所冲击，另一方面为水生生物提供了多样的生存环境。土地利用方式的不同对研究区土壤侵蚀影响差异明显，三峡库区（重庆段）内耕地土地侵蚀最高；草地土地侵蚀其次；林地土壤侵蚀较低。由于不同区域地理与人文条件不同，土地利用方式对土壤侵蚀影响差异，库区下游巫溪县和奉节县耕地土壤侵蚀最强，其次是草地和林地；库区上游江津区的草地土壤侵蚀最高；库区中游忠县的林地土壤侵蚀较高。引入生物学中常用的分类评价方法，以各区县为样方，根据土地利用类型破碎化情况对各区县进行分类，三峡库区（重庆段）境内的22个区县在空间上分属东、中和西3个地区，土壤侵蚀由东向西逐渐减弱，分别对应着农草地破碎区、林地破碎区和建水破碎区。较强的土壤侵蚀（强度侵蚀、极强度侵蚀和剧烈侵蚀）会增加土地利用景观破碎化，但是其加剧土地利用景观破碎化的速率同土壤侵蚀等级相反。

从景观生态学的角度出发，通过多个景观指数的变化表明：三峡库区（重庆段）的景观异质性增加，景观稳定性逐渐增强，抗干扰能力增加。1986～2007年，4个典型区县的景观异质性变化有所差别，但总趋势同三峡库区（重庆段）的一致。通过生态系统服务价值指数综合反映研究区内生态环境效应变化，研究第一时段（1986～1995年）生态系统服务价值变化速率较低，研究第二时段（1995年以后）明显加快。空间上，2007年的三峡库区生态系统服务价值指数小于4个区县的生态系统服务价值指数。模拟了2007年以后，三峡库区（重庆段）及4个典型区县的生态系统服务价值指数，结果表明：生态系统服务价值指数均不同程度的增加，表明区域土地利用具有明显的可持续性。通过生态风险指数来衡量区域内生态风险程度变化。空间上，库区上游和中游地区的生态风险高于库区下游地区。其中，靠近长江的地区生态风险明显较高。时间上，三峡库区（重庆段）生态风险整体上有所增加，但是高风险区域分布更为破碎，库区下游地区的高生态风险区域增加，生态风险有所增强。

8.2 研究特色与创新

选择三峡库区（重庆段）以及4个典型区县为研究区域，从不同的空间尺度和时间尺度对比分析了土地利用/覆被变化的现状格局、动态过程、驱动因素以及生态环境效应。

一方面使用了多种常规的土地利用/覆被变化指数、模型等方法，另一方面又将生态学中的分类排序等方法应用到本研究中，进行定量评价三峡库区（重庆段）土地利用景观破碎化同土壤侵蚀等级的联系，表明了较强的土壤侵蚀会增加土地利用景观破碎化，但其加剧的程度同土壤侵蚀等级相反。本研究尝试着将生物学的研究方法同地理学研究相结合，具有一定的特色。

8.3 不足与展望

本研究收集了20多年三峡库区（重庆段）与4个区县的大量数据，包括经济统计数据、遥感数据、自然地理基础数据等，由于条件限制，这些数据的分析还不够详细，特别是研究区较为特殊，许多区县在1997年前属于四川省，1997年后划为重庆市，1997年前后的统计数据由不同的机构完成，在标准上有一定的差距，加上研究区面积较大，数据的收集也有一些缺陷，如在土地利用类型面积上，只有年末耕地这一种类型在统计数据中有全面收集，其他类型由于没有全面收集未作更多的讨论。由于遥感分类的定义与统计数据中定义的差别，本研究利用的《重庆市统计年鉴》和《四川省统计年鉴》中的耕地面积都指年末常用耕地面积，我们在进行遥感分类得到耕地定义要更广泛，同时统计数据本身有其不完整性，某些耕地类型由于是私自开垦等未被收集到统计数据中；遥感影像本身因其精度而有一定的误差，这样就使得统计数据中的耕地面积同遥感数据的耕地面积有一定出入。本研究在三峡库区（重庆段）以及4个典型区县皆采用同一数据库的资料，由于空间尺度的不同，如果能有更高分辨率的影像作参考，对重点区域可以进行对比分析，会得到更为详细的结果。

以后的研究重点是，进一步处理相关统计资料，完善现有统计数据，增加更长时间序列的资料，更加深入地讨论土地利用与统计数据间的关系。本研究对土地利用/覆被变化相关的生态环境效应作了初步的评价，对于具体生态环境效应影响都还有待深入下去，如土地利用/覆被变化对生物多样性的影响。随着经济的发展、社会的进步，三峡库区的土地利用/覆被变化将会越来越明显，而三峡库区由于其特殊的地位，区域的生态环境建设越来越受到重视，其土地利用/覆被变化及其带来的生态环境影响值得我们长期进行动态监测与分析。

附 表

附表 1　巫溪县社会经济统计数据

类别 年份	耕地（hm^2）	总人口（万人）	非农人口（万人）	从业人员（万人）	GDP（万元）	粮食产量（t）	公路货运量（$\times 10^4$ t）	社会消费（万元）	公路客运量（万人）	固定投资（万元）	第一产业（万元）	第二产业（万元）
1994	41 701	49. 54	3. 41	26. 78	53 921	202 423	49	11 600	58	3 384	36 620	6 528
1995	41 548	49. 87	3. 59	27. 37	54 043	211 585	55	15 586	69	5 260	45 728	9 374
1996	41 547	49. 94	3. 67	26. 83	58 930	220 440	53	18 264	71	15 891	54 868	8 176
1997	41 530	50. 10	3. 79	27. 00	66 321	203 038	46	21 337	88	14 847	54 868	6 796
1998	40 951	50. 14	3. 91	28. 18	70 736	217 329	53	23 143	71	15 891	60 008	6 978
1999	40 925	50. 24	4. 08	30. 44	73 029	204 729	38	23 845	100	19 253	58 494	5 078
2000	40 895	50. 65	4. 2	30. 53	81 038	193 921	78. 9	25 827	111	24 600	60 931	4 403
2001	39 440	50. 63	4. 33	30. 58	89 340	209 523	86	28 718	198	31 210	64 388	5 500
2002	34 578	51. 42	4. 69	31. 27	98 668	184 633	88	32 250	211	38 444	66 793	7 328
2003	32 311	51. 64	4. 85	28. 08	110 783	193 495	100	38 481	230	47 609	72 589	13 077
2004	31 433	51. 95	5. 14	28. 38	127 644	198 800	143	51 559	277	60 004	84 454	13 160
2005	30 995	52. 22	5. 49	28. 68	147 340	199 185	154	58 468	304	78 720	89 850	15 046
2006	30 440	52. 52	5. 66	24. 99	159 505	183 563	160	66 529	315	119 824	90 563	20 187
2007	30 882	52. 99	5. 98	25. 18	196 198	188 117	164	77 497	346	173 925	109 710	27 863
2008	30 834	53. 22	6. 29	23. 70	235 560	193 171	192	95 336	415	245 208	117 966	58 263

附表 2　江津区社会经济统计数据

类别 年份	耕地（hm^2）	总人口（万人）	非农人口（万人）	从业人员（万人）	GDP（万元）	粮食产量（t）	公路货运量（$\times 10^4$ t）	社会消费（万元）	公路客运量（万人）	固定投资（万元）	第一产业（万元）	第二产业（万元）
1994	73 951	145.33	21.04	77.44	382 203	701 229	769	103 384	1 588	75 185	217 766	302 760
1995	73 579	144.94	20.88	81.37	575 326	714 550	820	129 297	1 724	83 379	337 737	343 561
1996	73 414	144.72	21.28	76.45	665 010	723 840	765	149 405	1 630	80 312	355 299	323 180
1997	73 058	144.60	21.50	70.50	797 524	733 486	786	180 366	1 956	216 998	373 075	359 036
1998	72 710	144.48	22.26	70.54	748 987	734 955	267	200 763	1 668	319 556	335 699	337 248
1999	72 385	144.49	22.93	70.66	788 543	725 019	183	221 241	1 718	242 510	323 616	297 155
2000	72 077	145.50	25.94	70.81	801 458	485 586	189	245 799	1 891	271 243	318 002	317 191
2001	71 710	145.47	29.34	71.61	886 580	688 852	345	266 192	1 973	294 678	333 310	366 385
2002	69 725	146.15	36.08	71.17	1 004 248	670 168	402	297 095	2 594	363 332	352 619	450 181
2003	68 962	145.82	37.27	73.54	1 138 256	654 648	450	286 309	2 362	442 912	370 759	698 707
2004	68 478	145.48	36.80	74.49	1 297 420	680 551	597	370 158	2 616	485 148	427 538	742 018
2005	68 028	145.85	37.32	75.31	1 332 929	690 043	568	433 226	2 777	627 571	449 653	936 664
2006	67 975	146.58	37.90	76.64	1 489 424	552 168	740	500 515	3 076	807 269	431 440	1 138 364
2007	67 965	147.67	38.85	78.04	1 759 085	668 845	932	583 179	3 286	1 072 894	533 520	1 629 557
2008	67 951	148.65	40.02	78.62	2 192 439	661 370	1 212	747 510	3 495	1 452 022	567 048	2 354 586

附表3 忠县社会经济统计数据

类别 年份	耕地（hm^2）	总人口（万人）	非农人口（万人）	从业人员（万人）	GDP（万元）	粮食产量（t）	公路货运量（$\times 10^4$ t）	社会消费（万元）	公路客运量（万人）	固定投资（万元）	第一产业（万元）	第二产业（万元）
1994	54 522	96.99	7.85	54.59	160 764	370 429	112	40 802	10	11 573	89 007	32 468
1995	54 453	97.26	8.24	54.87	163 501	384 084	167	51 635	12	15 360	111 707	38 164
1996	54 295	97.70	8.77	55.67	189 527	401 582	197	55 398	13	33 834	132 704	28 709
1997	54 302	97.80	9.62	56.30	211 956	415 322	174	60 193	13	34 250	137 057	31 301
1998	54 144	98.40	9.84	55.48	207 528	425 331	121.7	65 337	17	33 834	131 630	30 536
1999	53 850	98.75	10.41	56.15	212 575	422 443	148	68 621	28	75 857	131 223	29 699
2000	53 592	98.06	11.06	54.58	228 799	431 583	63.5	75 179	53.9	102 075	136 485	30 661
2001	52 930	96.94	11.42	54.91	248 289	337 498	91	82 662	112	109 348	137 508	35 514
2002	52 866	96.79	14.79	54.59	277 719	401 219	98	94 901	846	131 275	155 635	33 628
2003	51 102	96.47	12.73	54.38	319 693	405 405	98	117 709	849	174 491	183 749	44 854
2004	55 382	96.25	13.36	54.14	381 454	425 135	98	140 558	871	216 534	228 772	37 813
2005	55 216	96.63	14.14	54.87	438 710	432 373	125	161 173	1 038	271 593	246 371	46 589
2006	52 947	97.34	14.83	41.97	500 380	334 326	129	185 090	1 058	336 162	219 130	61 934
2007	53 064	98.27	15.38	43	615 785	415 011	154	215 591	1 383	467 894	273 827	131 777
2008	53 011	99.22	16.01	43.22	778 005	410 481	203	269 766	1 677	589 167	276 032	277 596

附表 4　奉节县社会经济统计数据

类别 / 年份	耕地 (hm^2)	总人口（万人）	非农人口（万人）	从业人员（万人）	GDP（万元）	粮食产量（t）	公路货运量（$\times 10^4$ t）	社会消费（万元）	公路客运量（万人）	固定投资（万元）	第一产业（万元）	第二产业（万元）
1994	58 766	95.66	6.84	53.65	169 001	323 531	47.9	29 069	67	5 641	81 838	15 943
1995	57 821	96.23	6.92	57.46	169 035	352 530	87	35 065	72	11 089	107 160	21 746
1996	56 858	97.49	7.16	57.29	205 293	373 682	124	47 247	100	37 841	119 828	18 906
1997	56 868	98.70	7.30	55	226 669	362 845	193	53 123	68	50 030	125 362	*18 012*
1998	56 839	99.62	7.48	48.77	197 191	390 166	78	54 139	156	37 841	133 637	17 926
1999	56 712	99.05	7.70	53.97	204 943	386 811	77	57 046	192	99 285	129 688	17 580
2000	56 185	99.07	7.87	50.87	221 275	408 472	116	61 625	227	127 129	138 498	18 622
2001	55 505	98.11	8.09	50.87	242 848	401 324	123	66 864	199	152 858	143 769	15 214
2002	46 229	98.28	8.39	52.35	273 766	406 830	320	96 960	227	262 052	147 976	15 409
2003	47 229	98.99	9.29	47.55	301 870	405 153	130	100 865	208	255 198	156 553	24 310
2004	49 387	100.20	10.10	49	339 415	429 100	137	113 779	231	200 085	182 901	22 361
2005	54 410	101.32	11.35	50.02	450 267	435 537	118	130 869	217	275 978	200 167	26 843
2006	51 696	102.84	12.34	45.75	508 594	393 817	130	150 542	214	335 689	197 164	36 508
2007	51 323	104.15	12.91	46.31	619 761	441 821	138	174 972	665	492 781	248 673	51 718
2008	51 303	104.76	13.22	45.86	753 320	435 269	158	215 232	1 055	619 704	276 275	90 390

致 谢

本书是在国家公益性项目“三峡库区流域生态修复关键技术研究”以及西南大学博士后基金(207178)支持下完成的。研究范围位于三峡库区重庆段,研究目标是在地理信息系统技术的支持下,以研究区土地利用动态数据为基础,分别从时间尺度(1986～2007年)和空间尺度上(整个研究区域与区内4个典型区县)出发,对研究区的土地覆盖/变化规律、驱动因素和地区生态环境效应进行分析与评价。

本研究是在西南大学王建力教授的指导下完成的。同时还要衷心地感谢西南大学的魏虹教授和李昌晓教授在本研究中所给予的热情帮助和耐心指导,感谢他们在数据收集、整理及内业分析过程中提供的支持。

在本书编写过程中,西南大学的谢世友教授、陶建平教授、周廷刚教授、况明生教授、李旭光教授、曾波教授、邓洪平教授、王志坚教授都提出过宝贵意见和建议;在外业调查与内业数据处理工作中先后得到了南京大学的江洪教授、西南大学的何丙辉教授、吴文戬副教授、齐代华副教授、李廷勇副教授、李清副教授、何萧博士、刘祥梅、王永健副教授、单楠博士的大力帮助;在数据整理过程中,得到了杨圆鉴、邵华、叶明阳、兰明娟、贾中民、陈锋、李斌博士、何永峰、衣成城、黄臻、侯跃伟、孟翔飞等的帮助。

我还要感谢重庆市林业科学研究院的漆波教授、张宏教授、耿养会教授、周恺高级工程师、蒋宣斌高级工程师、陈勇高级工程师、陈桂芳教授在项目执行中的帮助与指导。

感谢胡利平女士在数据和文字校对方面给予的帮助。

彭　月

2013 年 8 月 24 日于重庆